胡杨根系吸水机理与模拟

李建林　著

黄 河 水 利 出 版 社
·郑州·

内容提要

本书以我国极端干旱区额济纳绿洲的胡杨根系为研究对象，重点研究了胡杨根系的吸水机理和吸水模型。系统介绍了我国学者关于胡杨的研究进展、国内外关于植物根系研究方法的发展和植物根系吸水模型的研究进展。以分形理论为基础，分析了胡杨根系的分布规律以及根系生长对土壤水分的响应；建立了胡杨根系吸水的一、二维数学模型；利用对土壤水分运动基本方程的差分处理，通过对比土壤含水率的模拟值与实测值的相对误差，对所建胡杨根系吸水的数学模型进行了验证。

本书可供水文水资源、农业、林业、生态环境等相关专业的高年级本科生、研究生和科研人员参考使用。

图书在版编目(CIP)数据

胡杨根系吸水机理与模拟/李建林著. —郑州：黄河水利出版社，2010.5

ISBN 978-7-80734-826-9

Ⅰ.①胡… Ⅱ.①李… Ⅲ.①胡杨-根系-水吸收-研究 Ⅳ.①S792.119

中国版本图书馆 CIP 数据核字(2010)第 085049 号

出 版 社：黄河水利出版社

地址：河南省郑州市顺河路黄委会综合楼 14 层　　邮政编码：450003

发行单位：黄河水利出版社

发行部电话：0371-66026940、66020550、66028024、66022620(传真)

E-mail：hhslcbs@126.com

承印单位：黄河水利委员会印刷厂

开本：787 mm×1 092 mm　1/16

印张：7.25

字数：168 千字　　印数：1—1 000

版次：2010 年 5 月第 1 版　　印次：2010 年 5 月第 1 次印刷

定价：25.00 元

前　言

20 世纪 80 年代以来，随着水资源匮乏成为世界面临的重大问题，国际上对全球范围的水循环与水资源问题的关注提升到前所未有的高度。而且，水问题研究已完全摆脱传统意义上的纯水文问题，而是与生态环境、全球变化、社会经济及可持续发展密切结合。在我国西北干旱地区，由于降水稀少、蒸发强烈，随着社会经济开发、用水量增加，水资源短缺问题更为严重。既促进经济快速发展，缩小东西部差距，又维护和改善已经十分脆弱的生态环境，是本地区当前最主要的问题。干旱少雨的气候条件导致的先天性水资源短缺、生态系统脆弱，加之人类对水土资源的不合理利用，是制约该地区经济可持续发展的瓶颈。过去几十年来，我国西北内陆河流域水循环过程在气候和人为双重因素的影响下已发生了显著变化，在水文要素上表现为冰川后退、雪线上升、湖泊萎缩乃至干枯，水资源量减少，并导致了生态环境的严重退化。这一状况既是人类活动所产生的负面后果，又是全球气候变化在我国西北干旱区的具体反映，但究其更深层次的原因，实际上是干旱区水文－生态系统耦合制约关系和演化规律的基础性研究落后于社会经济发展的需求所导致的必然结果。

胡杨林作为极端干旱区最重要的森林资源，是绿洲自然生态系统的主体，在维持生态安全方面有着不可替代的作用。但是由于人口剧增、毁林、农垦、开荒、流域上游截水和修建水库，以及滥樵滥伐滥牧等原因，致使胡杨林面积极度萎缩。以我国为例，现今的胡杨林面积不足新中国成立初期的 1/3。在世界其他地区，胡杨林的破坏程度更为严重。胡杨林分状况同绿洲生态环境一样正处于危机关头。随着西部大开发的不断深入推进，对干旱区资源的合理与持续利用提出了更加迫切的需求。因此，保护和恢复胡杨林是干旱内陆区持续、科学发展的关键问题之一。

绿色植物的生长是干旱地区维护生态系统的关键因素。植物生长需要消耗大量的水分，但植物体中所含有的水分是很少的。植物从土壤中吸收的水分，90% 以上用于蒸腾。蒸腾将消耗土壤中，特别是根系层土壤中的水分。水分在土壤、植物和大气系统中的运动、变化和人类的生产、生活密切相关，土壤、植物和大气系统的水分转化更加引起人们的重视。水分经由土壤到植物根表皮、进入根系后，通过植物茎到达叶片，再由叶气孔扩散到空气层，最后参与大气的湍流交换，形成一个统一的、动态的相互反馈连续系统，即土壤－植物－大气连续体（Soil－Plant－Atmosphere Continuum，简称 SPAC）。在这一系统中水分的运动和循环最为活跃。植物根系通过吸收和输送把土壤水分送到大气中，参与了大气循环，成为土壤－植物－大气连续体的构成部分。因此，研究胡杨 SPAC 系统中的根系吸水问题对胡杨及极端干旱区其他植物的保护和恢复，对干旱区水资源的合理、有效与持续利用具有重大的现实意义。

本书以作者博士学位论文为基础，收集前人大量的研究成果并加以分析吸收，最终撰写而成，着重介绍了作者在胡杨根系吸水及其模拟方面的工作与成果。将胡杨根系分为运输根系($d>0.2$ cm)和吸水根系($d\leqslant 0.2$ cm)进行研究。研究结果表明,胡杨运输根系具有分形结构,并确定了适宜胡杨根系生长的土壤水分区间;胡杨吸水根系根长密度分布也具有与果树相似的规律,基本符合指数分布;建立了胡杨根系吸水的一维、二维模型,通过对比土壤含水率的模拟值与实测值的相对误差,对所建胡杨根系吸水的数学模型进行了验证。结果表明,本书所建胡杨根系吸水的模型在额济纳对生长季的胡杨具有较高的可靠性。

作者在研究工作中得到了导师冯起研究员的精心指导,得到了司建华、常宗强、李启森、苏永红、席海洋、曹生奎等的大力帮助。研究的野外工作主要依托中国科学院寒区旱区环境与工程研究所阿拉善荒漠生态-水文试验研究站完成。在此,作者真诚地对他们表示感谢。

本书有关内容的研究和最后的出版,有幸得到了河南理工大学博士基金(B2009—28)、国家自然科学杰青基金项目(40725001)、国家自然科学基金重大项目(40671010)、国家自然科学基金项目(40501012、40801001)和国家社科基金(08XJY009)的资助,对以上资助表示感谢。

由于作者水平有限,本书的内容还有很多不足,疏漏之处在所难免,敬请读者不吝赐教。

作　者

2010年1月

目　录

第1章　根系吸水及胡杨研究进展

1.1　水文水资源研究方向的拓展

20世纪80年代以来,随着水资源匮乏成为世界面临的重大问题,国际上对全球范围的水循环与水资源问题的关注提升到前所未有的高度。而且,水问题研究已完全摆脱传统意义上的纯水文问题,而与生态环境、全球变化、社会经济及可持续发展密切结合。

20世纪80年代末,美国联邦地质调查局专门对全美主要河流流域地下水与地表水相互转换的数量关系进行了系统调查,获得了不同流域不同地貌单元地表水与地下水相互转换的水量及其在不同气候和人类活动干扰下的变化特征(Winter, et al. ,1998;Alley, et al. , 1999);加拿大水资源供需研究计划对大湖地区地下水与地表水之间的相互转化关系,以及水资源开发利用程度对湖区生态系统、地下水动态变化的影响进行了系统观测(Asmuth, et al. , 2001);荷兰KIWA水研究计划对不同地表水利用下的地下水动态变化以及陆面生态系统结构、功能等的响应特征进行了研究(Environment Canada, 2002);2003年由英国政府国际发展部发起完成的南非发展中国家流域水资源需求与利用报告指出,流域内地表水和地下水是一个统一的水资源系统,如何清晰地认识地表水与地下水之间的转换关系是准确评价流域水资源问题的关键(DFID, 2001)。国际水文计划(IHP)的第五个研究计划(1996~2001)以"脆弱环境中的水文水资源开发"为研究方向,把不同生态系统中地表水、地下水与大气水之间的循环关系及其对生态系统的影响列为该计划的核心内容,其目标旨在从流域观点、河流系统与自然社会经济的联系中,理解水文系统中水文循环过程同生物过程的整体性(UNESCO, 2001)。

这些研究所显示的一个重要变化就是水问题研究已完全摆脱传统意义上的纯水文问题,而与生态环境、全球变化、社会经济及可持续发展密切结合。水科学已成为联系众多学科、交叉特征突出、综合性显著的国际关注的热点学科。为此,国际四大环境变化研究计划(IGBP、WCRP、IHDP、DIVERSITAS)都从不同角度将水问题作为重点来研究。例如"国际地圈生物圈计划(IGBP)"核心计划之一"水文循环中生物圈作用研究计划(BAHC, 1990~2002)",强调了生物圈中的水循环作用(BAHC,2005);"世界气候研究计划(WCRP)"于20世纪90年代后期推出的核心计划之一"全球能水循环试验研究计划(GEWEX)",将关注的重点放在全球能量和水量循环对全球变化的影响方面(GEWEX, 2005);近年来,水文循环研究的另一个突出热点就是围绕土地利用与覆被变化,分析流域水文系统的响应过程。其中,最具代表性的研究是美国国家环保局在哥伦比亚盆地设立的ICBEMP研究计划(Matheussen, 2000),该计划系统研究和定量描述了1900年以来该区域土地利用与覆被变化对水文过程(包括积雪与消融、蒸散发、土壤水分、地下水以及流域产汇流过程)的影响。"国际全球变化人文影响计划(IHDP)"在其核心计划"土地利用和土地覆被变化(LUCC)"中也将水作为关键因素给予了高度重视(LUCC, 2005)。"国际生物多样性计划(DIVERSITAS)"于2008年12月在美国召开了"水安全,全球变化及地下水资源管理国际研讨会"。DIVERSITAS中国委员会主席、国家自然科学基金委主任陈宜瑜院士认为:随着研究的深入,各国科学家越来越认识到地球系统的各圈层,包括大气圈、水圈、生物圈、岩石圈等各组成部分是一个具有密切联系且相互作用的整体。因此,对地球系统的研究需要不同学科之间的整合,寻找合适的切入点,进行各种研究手段、研究方法、研究结论的校准、比较与提炼。由国际四大环境变化研究计划联合形成的"地球系统科学伙伴计划(ESSP)"进一步推出了"全球水系统计划(GWSP)"(GWSP, 2005)。该计划强调,水在社会发展中起着至关重要的作用,也是21世纪的关键问题。此外,由联合国教科文组织(UNESCO)实施的国际水文计划(IHP)和世界水评估计划(WWAP)是专门推进国际水资源研究的政府间长期合作计划,目的在于更新各成员国在水循环方面的知识,更好地提高管理和开发水资源方面的能力。

纵观国际社会在水循环和水资源研究方面的发展趋势,概言之就是在研究内容上强调水文循环在全球变化、生态环境和社会经济中的作用及相互关系;在研究方法上注重野外观测、室内模拟与遥感数据的结合;在技术上依赖高精度自动化的观测仪器、同位素技术、遥感技术和GIS技术的应用;在模型方面主要构建能够满足各种需要的模型,尤其是全球和流域或区域尺度的综合模型,更强调水文模型、大气模型和宏观生态模型的耦合与尺度转化;在实际应用方面更关注流域或区域尺度,如由ESSP支持的"亚马孙河流域大尺度生物圈－大气圈试验研究(LBA)"就是将水、气候、生态、生物化学、人类活动等因素综合考虑的区域性研究计划(LBA,2004)。在一系列国际重大研究计划的推动下,人类对水科学的认识有了显著提高。全球水循环已与环境科学紧密联系、互为依存,水系统已成为联系气候变化、水土流失、环境污染和荒漠化等环境领域的核心纽带。现在,人们的重视已更多侧重于水循环和地、气界面过程的研究,旨在建立水圈与大气圈和生物圈界面上准确的水分、能量交换的参数化方案,在不同的层面与深度上均涉及干旱区和半干旱区水科学及脆弱生态环境方面的研究(ESSP, 2004)。

在我国西北干旱地区,由于降水稀少、蒸发强烈,随着社会经济开发、用水量增加,水资源短缺问题更为严重。既促进经济快速发展,缩小东西部差距,又维护和改善已经十分脆弱的生态环境,是本地区当前最主要的问题。干旱少雨的气候条件导致的先天性水资源短缺、生态系统脆弱,加之人类对水土资源的不合理利用,是制约该地区经济可持续发展的瓶颈。过去几十年来,我国西北内陆河流域水循环过程在气候和人为双重因素的影响下已发生了显著变化,在水文要素上表现为冰川后退、雪线上升、湖泊萎缩乃至干枯,水资源量减少,并导致了生态环境的严重退化。这一状况既是人类活动所产生的负面后果,又是全球气候变化在我国西北干旱区的具体反映,但究其更深层次的原因,实际上是由于干旱区水文－生态系统耦合制约关系和演化规律的基础性研究落后于社会经济发展的需求所导致的必然结果(冯起,2007)。

1.2 土壤-植物-大气连续体概述

绿色植物的生长是干旱地区维护生态系统的关键因素。植物生长需要消耗大量的水分,但植物体中所含有的水分是很少的。植物从土壤中吸收的水分,90%以上用于蒸腾。蒸腾将消耗土壤中,特别是根系层土壤中的水分。水分在土壤、植物和大气系统中的运动、变化,与人类的生产、生活密切相关,土壤、植物和大气系统的水分转化更加引起人们的重视(姚立民,2004)。水分经由土壤到植物根表皮、进入根系后,通过植物茎到达叶片,再由叶气孔扩散到空气层,最后参与大气的湍流交换,形成一个统一的、动态的相互反馈的连续系统,即土壤-植物-大气连续体(Soil - Plant - Atmosphere Continuum,简称SPAC)。在这一系统中水分的运动和循环最为活跃。

在SPAC中,水分运动的驱动力是水势梯度,即从水势高处向水势低处流动,其流动速率与水势梯度成正比,与水流阻力成反比。由于在SPAC中各个部位的水流阻力和水势并非是恒定不变的,因而严格地说SPAC中的水流是非稳定流。但在实际中,忽略植株体内贮水量的微小变化,认为SPAC中的水流为连续的稳定流时,为分析提供了较大的方便,其水流通量 q 可以用电学中的欧姆定律来模拟,即Van den Honert(1948)公式:

$$q = \frac{\psi_s - \psi_r}{R_{sr}} = \frac{\psi_r - \psi_L}{R_{rL}} = \frac{\psi_L - \psi_a}{R_{La}}$$

式中:ψ_s、ψ_r、ψ_L、ψ_a 分别是土水势、根水势、叶水势与大气水势;R_{sr}、R_{rL}、R_{La} 分别是通过土壤到达根表皮、越过根部通过木质部上升到叶气孔腔、通过气孔蒸腾扩散到空气中各段路径的水流阻力。

在这一系统中水分的运动和循环最为活跃。植物根系通过吸收和输送把土壤水分送到大气中,参与了大气循环,成为土壤-植物-大气连续体的构成部分。土壤水分转化界面与过程可用简单框图(图1-1)表示。图中 P、T、R_s、E_s、I_f、E_g、D、R_f 分别为降雨、作物蒸腾、地表径流、土壤蒸发、土壤入渗、潜水蒸发、土壤深层疏漏和壤中流。在大气、地表、土壤、地下岩层和植物中的水分转化("五水")中,土壤为最重要的转化载体和核心。"五水"之间相互依存,若单从土壤水出发,则存在的界面为4个,即土壤水与大气水、土壤水与植物水、土壤水与地下水、土壤水与地表水。这4个界面发生如下的转化过程:①土壤毛管水分的上升过程;②土壤水分入渗/蒸发过程;③根系吸水过程;④地表径流/壤中流;⑤深层土壤的入渗/潜水上升蒸发过程。

国内谭孝源(1983)首次引入了SPAC水分传输的电模拟程式以及流经SPAC水分通量的数学模型。姚建文(1989)曾对冬小麦、玉米生长条件下土壤含水量预测的数学模型进行了研究,但是模型仍然只是侧重于根-土系统。康绍忠(1992)从整体上与相互反馈关系上,同时引入作物生长动态参数(主要参数为根系生长深度、密度和叶面积指数),系统地建立了SPAC水分动态的计算仿真模型,经过几年的大田中的实际应用,取得了满意的效果。这是我国目前一个系统和完备的SPAC水分动态模型。卢振民(1992)根据详细的田间试验研究,对SPAC水流运动进行了细致的研究分析,建立了SPAC水流运动模型。该模型对SPAC水流运动的影响,既考虑了气孔阻力的调节作用以及土壤温度对水流运

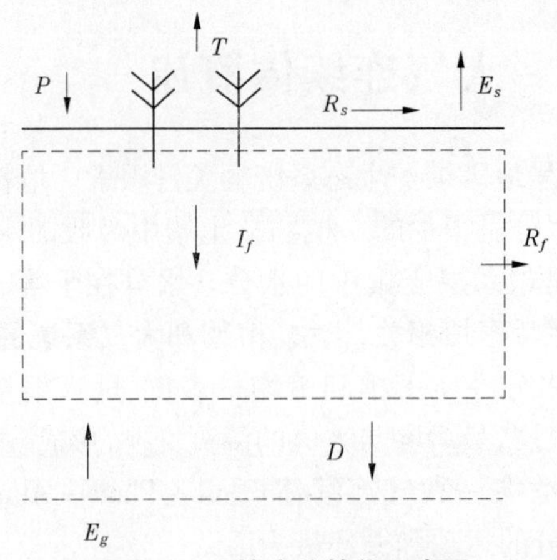

图 1-1　土壤水分转化示意图

动的影响，又可用一般的气候资料和土壤水分运动参数预测土壤水分动态与作物体内的水分运动。黄冠华等(1995)以 Penman - Monteith 蒸腾公式为基础，确立棵间潜在蒸发及潜在植株蒸腾的计算模式，建立以作物根量分布为基础的根系吸水模型。姚德良(1993，1996)根据 Philip 与 de Vries 提出的土壤中水热交换的耦合理论，建立了植物固沙区土壤水热运移的耦合模型，考虑了温度对液态水和汽态水运移的影响，建立了植物蒸腾量、土壤蒸发量、根系吸水率及土壤表面热通量等有关变量的计算公式。刘伟等(1997)从连续介质流体力学的观点，采用局部体积平均方法，建立了一个描述作物覆盖条件下土壤热湿迁移过程的二维数学模型，以能量平衡原理及土壤层水汽扩散理论为基础，建立了根系吸水、作物蒸腾和棵间土壤蒸发模型，两者结合适用于求解 HIPAS 系统中热湿传输问题。沈荣开等(1997)定量分析了夏玉米不同麦秸覆盖条件下土壤水热动态的田间试验结果，根据 Philip 和 de Vries 的土壤水热流动理论，采用贮量集中有限元法建立了夏玉米生长初期，麦秸覆盖条件下土壤水热迁移的耦合数值模型。赵颜霞等(1997)以冬小麦为例，借鉴国内外有关模式，从 SPAC 的水分循环出发，通过模拟农田水分的动态变化过程，并结合作物的生物学特性和生长模式，建立了作物生长发育、产量形成与环境水分条件相关联的数学模型，定量模拟作物生长动态及其与田间水分动态变化的相互影响关系。毛晓敏等(1998)应用土壤水动力学、微气象学和能量平衡原理，对已往的模型进行了改进，并建立了能够描述作物生长期田间水热状况、作物蒸腾规律的动态耦合模型。吕军(1998)研究了浙江红壤区土壤水分条件对冬小麦生长的动态耦合模拟，讨论和建立了土壤水分运动与作物生长动态耦合模型。李保国等(2000)认为建立土壤水分运动的模型必须考虑作物的生长，并且土壤水分运动模型和作物生长模型必须在时间、空间进行有效匹配与耦合，最终才可利用所建立的模型探讨和解决农田水分的运行、消耗及利用等问题。丛振涛(2003)利用北京永乐店试验站的田间试验资料，先后建立了土壤水热运移(Soil)模型、冠层(Canopy)模型、土壤 - 植物 - 大气连续体(SPAC)模型、冬小麦生长模拟(Wheat)模型、冬小麦生长与 SPAC 水热运移耦合(Wheat SPAC)模型，反映了冬小麦生长的机理与 SPAC 水热运移的物理本质。尚松浩等(2009)总结十余年在土壤水分动态模拟模型及其应用方面的研究成果，出版了著作《土壤水分动态模拟模型及其应用》，系统论述了不同条件下 SPAC 水分运移模型。

对 SPAC 系统中水分运移的定量描述,关键因素之一在于确定植物根系对水分的吸收,然后对土壤含水量进行预测。因此,植物根系吸水问题的研究是 SPAC 系统的基础和必经途径。植物根系吸水模型就是在考虑根系吸水的物理和植物生理原理及其影响因素的基础上建立的数学模型。建立植物根系吸水的数学模型有利于 SPAC 系统的量化分析,加深对 SPAC 系统的认识和理解。同时,选择合适的根系吸水模型,对于节水农业的发展、加强水资源管理、水分利用效率的提高和生物产量的模拟预测,均具有重要的现实意义。

1.3 植物根系吸水研究进展

根是植物吸水的器官,在有植物根系生长的土层中,根系吸水活动不仅对土壤水分动态产生重大影响,而且决定着地表水、土壤水和地下水的相互转化关系。准确掌握土壤水分动态,不仅有利于合理制定灌溉制度,科学进行灌水管理,确保农业生产用水的高效利用,保护和节约越来越宝贵的水资源,而且对于研究区域水量转化关系的水文水资源等领域,也是必不可少的环节。植被覆盖区构成了地球水文系统的重要组成部分,而植物根系与土壤界面是重要的水文界面,超过陆面蒸发量 50% 的水量要流经根 - 土界面,因此研究根系吸水具有重要的水文意义。

1.3.1 植物根系研究方法分类

鉴于根系在植被系统的重要性,人类很早以前就开始了对根系的研究,有文献记载的首次提到对作物根系的研究是 Hale(1727)发表的对不同作物品种根系在土壤中分布的描述,距今已有 280 多年历史。随着对根系研究的深入,根系研究方法也在不断地改进和发展,从用水冲洗土壤剖面(Schuban,1857)到用玻璃壁观察根系生长(Sachs,1873)再至正规的根系取样(Weaver,1925)经历了漫长的发展过程。特别是随着高新技术在根系研究中的应用,根系研究方法和水平不断提高,如 20 世纪 50 年代开展的示踪技术,为评价根系的功能提供了强有力的手段。这些技术包括放射性同位素、稳定性同位素和稳定性示踪物等(Hall,et al. 1953;Damsgarrd,1964)。特别是影像技术使田间定点观测根系的生长和形态成为可能(Taylor,1978);计算机技术使分析根样更快、更详细。根系研究的具体方法分类列于表 1-1。

1.3.2 根系吸水模型研究进展

根系吸水活动不仅对土壤水分动态产生重大影响,而且决定着地表水、土壤水和地下水的相互转化关系。准确掌握土壤水分动态,不仅有利于合理制定灌溉制度,科学进行灌水管理,确保农业生产用水的高效利用,保护和节约越来越宝贵的水资源,而且对于水量转化关系的水文水资源等领域,也是必不可少的环节。植被覆盖区构成了地球水文系统的重要组成部分,而植物根系与土壤界面是重要的水文界面,超过陆面蒸发量 50% 的水量要流经根 - 土界面,因此研究根系吸水具有重要的水文意义。所以,对 SPAC 系统中水

表 1-1　根系研究方法分类

方法分类			原理和方法	优、缺点
田间直接挖掘方法	挖掘法	干式挖掘法	通过挖出所要研究的根系周围的泥土,对露出的根系位置和相互关系进行绘图或摄影	最经典的方法,工作量较大
		湿式挖掘法	用带压水流冲走根系周围的土粒	快速,但细根遇水后会缠绕交错,不利于根系研究
		气压挖掘法	利用气流清除根系周围的泥土,一种是使用高压气流吹走土粒,另一种是用真空原理吸走土粒	细根受损伤程度小于普通干式挖掘法
		水平挖掘法	适用于研究根系基本呈水平生长的植物种类	劳动量小,但难以挖掘纵深生长根群的整个根系
		扇形挖掘法	只挖掘出待定根系有代表性的一小段,以此来代表整个根系,这种方法多用来研究林木的根系	不太适应研究细根多的植物
	整段标本法	方形整段标本法	先挖一壕沟,长约 1 m,直达根部的最大深度。然后在壕沟侧壁上逐层取样;把整段标本放入适合的容器中,通过冲洗使土壤与根系分离	可用肉眼观测到根系的形态和大小
		圆形整段标本法	在树干周围挖一环形壕沟,使树样形成一个圆形的土壤整段标本	适用于研究乔木根系,尤其是研究树干中央垂直生长的根系
		装箱法	把制取的大型土壤整段标本装进箱子,并在箱内对根系进行冲洗	不必把土壤整段标本分成各个小块
		笼箱法	制造在一株或多株植物于中央的独立式土壤整段标本,用铁丝网覆盖整个土壤标本,移去整段标本的表层土壤。在移去土壤的部位回灌熟石膏,石膏硬化后可固定植株茎部的自然位置,然后在原地进行冲洗	相互交织的铁丝网可大体保持根系的自然位置
		针板法	利用特制的木板来制取根系代表性样品的土壤整段标本,当土壤整段标本浸泡、冲洗时,在木板内安放长钉或铁钉,以保持根系的自然位置	适用于研究灌木根系,根系不宜过大或过小

续表 1-1

方法分类			原理和方法	优、缺点
田间直接挖掘方法	土钻法	手钻法	用土钻直接提取原状土样，冲洗即可	方法简便
		机械钻法	利用机械钻获取较深土层的根样	简便，但破坏性大
		土柱截面法	将取自钻筒的土柱，横向掰断，直接计算截面两侧的裸露根群	减免根系的冲洗和清洁程序
	剖面法	壕沟剖面法	对局部挖掘技术进行改进，从土壤剖面剥离几厘米土壤记录已露根群	简便、快速，但会出现较大的误差
		薄膜法	把一块 5 mm 厚的透明有机玻璃安放在剖面上，玻璃板上覆盖一张 0.1 mm 厚的透明塑料薄膜，然后用特制的铅笔在塑料薄膜上描绘出裸露根系及其结构水平分布状况	适于研究根系分布，但不能与根系直接接触
		水平面法	从挖掘壕沟开始，在不同深度的土层，制作适当的水平面，在修整好的水平面上可借助于记数框架计算裸露根系	是土柱截面法的改进
直接观察方法	玻璃壁法		在壕沟的垂直剖面上，安装玻璃壁进行根系的连续观测	水分、碎土会影响到根系的观察结果
	根系研究室		利用地下通道，四周可用于观察根系的坚硬透明材料如玻璃板和透明硬塑板等，而地上部分生长于大气环境中	地下通道的屋顶和入口处的微型建筑物会影响到团间能量平衡和气流流动状态
	玻璃管法	潜望镜观测法	用潜望镜代替一般的镜子和放大镜观察玻璃管中的根系生长	观测管与土壤界面环境对根系生长的影响
		摄像观测法	用照相机或摄像机记录根在管壁上的分布情况，然后用截线法测定根长	不够直接
间接方法	根据土壤水量变化研究法		利用中子仪或 TDR，观测土壤水量变化进行根系研究	应用有一定的前提条件
	染色技术		把有色液体注入植株茎部，观察颜色在植株体内的转移	只限于研究乔木根条
	非放射性示踪物吸收法		把氯化锶施于土壤的各个深度，然后用火焰分光光度计检测植株灰分中的锶	只限于研究乔木根条
	放射性示踪法		把放射性示踪物置入土壤不同深度和位置以及植株茎部，然后制取土壤－根系样品，记录其中放射性元素数，用来检测根系活性	只限于研究乔木根条

续表 1-1

方法分类		原理和方法	优、缺点
间接方法	土壤注射法	把小量的示踪溶液注入土壤，然后在植株地上部分检测放射性	只限于研究乔木根条
	植株注射法	把放射性示踪物注入植株茎部，待示踪物分布于整株之后，制取土壤根系样品，并对根系样品进行示踪物检测	只限于研究乔木根条
	^{14}C 研究根系法	在密封塑料室内给植株活的叶片提供 $^{14}CO_2$，然后制取土柱原状样品，把冲洗后得到的根系样品置于薄纸中，利用 X 光胶片进行放射性显影；将测得的根系总长度和标记的根长进行比较，计算	只限于研究乔木根条

分运移的定量描述，关键因素之一在于确定植物根系对水分的吸收，然后对土壤含水量进行预测。因此，植物根系吸水问题的研究是 SPAC 系统的基础和必经途径。植物根系吸水模型就是在考虑根系吸水的物理和植物生理原理及其影响因素的基础上而建立的数学模型。建立植物根系吸水的数学模型有利于 SPAC 系统的量化分析，加深对 SPAC 系统的认识和理解。同时，选择合适的根系吸水模型，对于节水农业的发展、加强水资源管理、水分利用效率的提高和生物产量的模拟预测，均具有重要的现实意义。

根系吸水模型是将根系吸水定量化的数学工具。有了根系吸水模型，就可以根据初始条件和边界条件，对土壤水分进行动态模拟，从而可以预测土壤蒸发和植株蒸腾影响下的土壤水分变化状况，可以了解地表水、土壤水和地下水的相互转化规律，进而为本地区有效利用有限的水资源，既保护和改善生态环境，又促进经济发展提供科学的理论依据。

1.3.2.1 国外根系吸水模型研究进展

从 20 世纪 40 年代末开始，一批学者开始了植物根系吸水模型的研究，至今不到 70 年的时间，已取得了一系列的成果。1948 年 Van den Honert 提出了水流理论模式，这为以后根系吸水机理模型的建立奠定了基础。1960 年 Gardner 提出了第一个单根吸水模型，此后，关于植物根系吸水模型的研究便蓬勃发展起来。到 20 世纪 80 年代末，已有 10 多个不同的模型建立起来，其中尤以 Molz 和 Remson(1970)、Nimah 和 Hanks(1973)、Feddes 等(1974,1976)、Hillel 等(1976)、Raats(1976)、Herlelrath 等(1976)和 Molz(1976,1981)等所提出的吸水模型具有广泛的代表性和较重要的参考价值。但它们共同的缺点是除了根长密度，还缺乏对根系更为细致的描述，没有对影响根系吸水的因素予以较全面的定量考虑。从 20 世纪 90 年代至今，众多学者对根系吸水模型中所涉及的参数的获取和测定方法加以完善，借助现代先进的试验和设备逐步完善已有的模型，同时建立二维和三维的模型。在完善已有的模型工作方面，Dirksen(1988,1993)、Homaee(1999)和 Musters

(2000)等学者做了许多的工作;在建立二维和三维模型的工作方面,Diggle(1988)和 PagesL. A(1989)已经建立了三维模型。1998 年,J. Chikushi 和 O. Hirota 建立了根系在土壤中的二维生长模型;Green(1998,2003)建立了苹果树根系吸水模型;J. A. Vrugt 等(2001,2002)建立了杏树二维、三维模型,并做了详细的对比;M. D. Vanessa 等(2002)从动态的角度来描述根系分布及根系对土壤水分的吸收。这些研究对进一步改进和完善根系吸水模型具有重要意义。

根系吸水模型可分为微观模型和宏观模型两类。微观模型刻画了根系吸水的机理,但难以实际应用。宏观模型又包括以根系与土壤水流运动参数为基础的数学模型和将蒸腾量按权重因子在剖面上分布的数学模型两类。前者常包含了根水势、土壤和根系水流阻力等参数,因而尽管其机理性较强,应用也并不广泛;后者的经验性较强,权重因子通常为根长密度、土壤含水量、土水势、导水率和扩散率等的函数,应用性相对较强。

1.3.2.2 国内根系吸水模型研究进展

20 世纪 70 年代末(1977 年 12 月),在第一次全国土壤物理学术讲座会上,土壤水的能量观点首次被介绍到国内,由此开始了我国学者对植物根系吸水模型的研究。80 年代至今,是我国关于植物根系吸水模型研究发展最快的时期。1988 年,雷志栋、杨诗秀等出版了《土壤水动力学》一书,这本书是我国第一部关于土壤水的著作,它为我国植物根系吸水模型的研究起了积极推动的作用。90 年代初,刘昌明、王会肖等对华北平原的农作物(小麦、玉米等)的根系吸水模型进行了研究;康绍忠、邵明安等对黄土高原的农作物(小麦、玉米、棉花等)的根系吸水模型进行了研究。国内比较有代表性的根系吸水模型主要有:邵明安模型(1987),姚建文冬小麦根系吸水模型(1989),康绍忠冬小麦根系吸水模型(1992),邵爱军模型(1997),刘昌明引进了与土壤湿度有关的参数的模型(1999),以及罗毅等提出的改进 Feddes 模型(2000)等。同时,国内一批学者就根系吸水模型展开了不同角度的研究和探讨。刘川顺、沈荣开(1993)探讨了二维根系吸水速率和空间分布及其影响因素,但没有进一步建立根系吸水模型;左强等(1998)应用 Microlysimetery 研究了作物根系吸水特性;郝仲勇等(2000)对苹果树的根系吸水进行了研究,建立了根系吸水模型;朱永华等(2001)对荒漠区苦豆子和骆驼刺根系吸水进行研究并建立了根系吸水模型;姚立民(2004)和龚道枝等(2006)先后在同一试验区对苹果树的根系吸水进行了研究,建立了一维和二维的根系吸水模型。另外,虎胆·吐马尔拜(1996,1999)、许迪(1997)、杨培岭等(1999)、赵成义(2004)、阳园燕等(2004)对植物根系吸水模型的发展与现状进行了讨论。总之,虽然我国对植物根系吸水模型的研究起步较晚,但发展迅速。

对于树木、干旱荒漠区植物根系的研究起步更晚一些。20 世纪 90 年代以后,逐步有学者在这方面进行了深入研究。G. Katul 和 P. Todd 等(1997)、S. Green 和 B. Clothier(1998)、J. A. Vrugt 等(2001)、G. Vercamber 等(2002)分别就橡树、苹果树、杏树、李子树根系分布及吸水问题进行了全面的研究,并且建立了根系吸水模型。在国内,郝仲勇(2000)、姚立民(2004)、龚道枝等(2006)研究了苹果树根系分布,建立了相应根系吸水模型;张劲松、孟平(2004)研究了石榴树吸水根根系分布特征;朱永华等(2001)对干旱荒漠地区苦豆子和骆驼刺根系分布进行研究并建立了不同的根系吸水模型。近两年,又有一批学者对干旱荒漠地区乔木——胡杨及其根系等方面进行了探讨和研究,但与树木、干旱区其他植物根系的研究相比，还不够深入。

1.4 植物根系吸水模型的评述

研究根系吸水有两种方法，即微观法和宏观法。

1.4.1 微观模型

微观法通过简化将根视为一个半径均匀的无限长圆柱体，由一系列的单根组成根系。单根吸水模型首先是由 Gardner(1960)提出的。后来不少学者对单根吸水模型进行了研究和改进。Molz(1976)充分考虑了根的水力特性，将根系吸水过程分解为水分向根表面的流动和水分在根组织内的流动，提出了单根吸水的土壤－根水流运动模型。Gardner 和 Molz 的单根吸水模型在分析单根吸水的机制、根水势和土水势的关系及蒸腾时土壤和根水势变化的特点等方面发挥了一定的作用。但模型构建的假设条件，如根系吸水是均一的，根表面的水势相同等，在实际中难以满足。考虑到根系的不均匀吸水特性，Aura (1996)提出了单根的非均匀吸水模拟模型。他用一系列差分方程来同时描述植物和土壤中的水分运动，并利用数值方法求解这些方程。对植物而言，一系列差分方程用来描述水分从皮层到根木质部的径向流动及沿木质部导管向上的轴向流动，边界条件为根表面木质部水势和根基部木质部水势。利用有限元法计算土壤中的水流及根表面木质部水势，其边界条件为进入植物根的水流，不允许水流透过假设的包围根的土壤圆柱体的侧壁、上下部。模拟结果表明，玉米木质部水势除在根尖部位下降很快，在其他部位变化不大。玉米根在土壤上层吸收的土壤水分远大于土壤下层吸收的水分。根系吸水对轴向阻力不敏感但对根基部木质部水势非常敏感。这些结论丰富了土－根系统水分关系的研究，对阐明根系吸水的空间变异性规律有一定作用。

1.4.1.1 Gardner 模型

Gardner 将根视为一个半径为 r_r 的无限长圆柱体，根的半径、根的吸水特性及土壤的初始条件和导水性能等沿根长不变。在忽略重力情况下，可进一步近似为径向的土壤水流动，相应的定解问题为

$$
\begin{cases}
\dfrac{\partial \theta}{\partial t} = \dfrac{1}{r}\dfrac{\partial}{\partial r}\left[rD(\theta)\dfrac{\partial \theta}{\partial r}\right] \\
\theta = \theta_0 \text{ 或 } \varphi = \varphi_0 \qquad t = 0, r \geqslant 0 \\
q = -2\pi r_r K(\theta)\dfrac{\partial \varphi}{\partial r} = 2\pi r_r D(\theta)\dfrac{\partial \theta}{\partial r} \qquad t > 0, r = r_r \\
\theta = \theta_0 \text{ 或 } \varphi = \varphi_0 \qquad t > 0, r = \infty
\end{cases}
\tag{1.1}
$$

式中：r 为土壤中某一点到树干的径向距离；r_r 为根半径；θ、φ 分别为土壤含水率和水势；θ_0、φ_0 分别为土壤含水率和水势的初始值；$K(\theta)$、$D(\theta)$ 分别为土壤的导水率和扩散率；q 为单位根长的吸水速率，即单位时间内每单位根长的吸水量。

1.4.1.2 Molz 模型

Molz(1976)将根系吸水条件下的土壤中水分向根表面流动和水分在根组织内的流动

联系起来,从而考虑了根的水力特性,提出了单根吸水时土-根系统水流运动模型。在根区水分向根的径向流动基本方程为

$$C\frac{\partial\varphi_m}{\partial t} = K\frac{\partial^2\varphi_m}{\partial r^2} + \frac{K}{r}\frac{\partial\varphi_m}{\partial r} + \frac{\partial K}{\partial r}\left(\frac{\partial\varphi_m}{\partial r}\right)^2 \quad t > 0, r_r < r < r_s \tag{1.2}$$

式中:φ_m 为土壤基质势;C 为比水容;r_s 为相邻两根之间的中点到根轴线的距离;其他符号意义同前。

微观模型能够定量描述根区微域内土壤水分运动规律,在分析根吸水的机制、根水势和土水势的关系以及蒸腾时土壤和根水势变化特点时,是有一定作用的。但这种理想化的模型不适宜用于根系统,因而也不能用于整个根区土壤水分动态变化的模拟中。

1.4.2 宏观模型

宏观模型把整个根系看做是扩散吸水器,各土层中的根系是均匀分布的,而在整个根区根系的密度分布不同,整个根系以不同的速率从土壤中吸收水分。根系吸水速率依赖于土壤含水率和植物特性等因素,还与微气象条件有关。宏观模型的表达式是在田间土壤水分运动基本方程的右边添加上一个根系吸水项 S 而得到的,其数学方程为

$$\partial\theta/\partial t = \nabla[K(\theta)\nabla\varphi] - S \tag{1.3}$$

式中:∇ 为矢量微分算子;φ 为总土水势;S 为根系吸水项,即吸水速率;其他符号意义同前。

求解宏观模型的关键就是确定根系吸水项 S。伴随着对植物生理原理及其影响因素研究的不断深入,对 SPAC 系统的理解和运用的逐步加深,以及计算机技术的飞速发展,使植物根系吸水模型的研究不断发展和改进。根系吸水模型在其发展和改进过程中,经历了以下三个阶段。

1.4.2.1 **早期模型**(1960~1980)

在对植物根系吸水问题研究之初,学者们将重点放在土-根系统,主要针对大田作物,且以一维模型为主。

(1)Gardner 模型(1964)

$$S = B(\varphi_r - \varphi_m - z)K(\theta)L(z,t) \tag{1.4}$$

式中:B 为常数;φ_r 为植物根水势;z 为距地表深度;$L(z,t)$ 为单位体积土壤的根长;其他符号意义同前。

(2)Whisler 模型(1968)

$$S = L(z)K(\theta)(h_p - h_s) \tag{1.5}$$

式中:$L(z)$ 为根密度函数;h_p 为植物根水势;h_s 为土水势;其他符号意义同前。

此模型与 Gardner 模型形式一致,都涉及土水势、根水势和根长密度,但实用性加强。

(3)Nimah-Hanks 模型(1973)

$$S(z,t) = \frac{[H_\tau + R_R z - h_m(z,t) - h_0(z,t)]L_{DF}(z)K(\theta)}{\Delta x\Delta z} \tag{1.6}$$

式中:H_τ 为土壤表面根内有效水头;R_R 为根阻力项;$h_m(z,t)$ 为土壤基模水头;$h_0(z,t)$ 为考虑含盐量的渗透水头;$L_{DF}(z)$ 为有效根密度函数;Δz 为深度增量;Δx 为根表面到土壤

中测量 $h_m(z,t)$ 和 $h_0(z,t)$ 点的距离。

Nimah 和 Hanks 考虑了溶质的影响及植物根导管传导水分的内摩擦力，且有效根密度函数 $L_{DF}(z)$ 更客观地反映根系吸水的分配特性。

(4) Feddes 模型(1974)

$$S = -K(\theta)[h_\tau(z) - h_m(z)]/b(z) \tag{1.7}$$

式中：$h_\tau(z)$ 为土－根接触面的压力水头；$h_m(z)$ 为土壤基质水头；$b(z)$ 为描述水流特性的经验函数。

此模型形式简化，意义也较明确，但 $h_\tau(z)$ 不易精确测定，$b(z)$ 的经验成分较大。

1976 年，Feddes 又建立了在不同的土壤含水率条件下的分段形式的吸水模型：

$$S = \begin{cases} 0 & 0 \leqslant \theta < \theta_\omega \\ S_{max}[(\theta - \theta_w)/(\theta_d - \theta_w)] & \theta_\omega \leqslant \theta < \theta_d \\ S_{max} & \theta_d \leqslant \theta < \theta_{an} \\ 0 & \theta_{an} \leqslant \theta < \theta_s \end{cases} \tag{1.8}$$

式中：θ_ω 为凋萎含水率；θ_d 为 $S = S_{max}$ 时的最低含水率；θ_{an} 为 $S = S_{max}$ 时的最高含水率；θ_s 为饱和含水率；S_{max} 为根系最大吸水速率。

(5) Hillel 模型(1976)

$$S = (H_s - H_p)/(R_s - R_r) \tag{1.9}$$

式中：H_s 为深度函数的土壤总水头；H_p 为植物体内的水头；R_s 为土壤内的水流阻力，等于 $1/BKL$（其中：B 为经验常数；K 为土壤导水率；L 为有效根长密度）；R_r 为根的水力阻力，为吸收与传导阻力之和。

此模型意义明确，但阻力难于求出。

(6) Raats 模型(1976)

$$S = T\delta^{-1}\exp(-z/\delta) \tag{1.10}$$

式中：δ 为使 S 在整个根区的积分等于 T 的参数，不易确定。

1.4.2.2 发展模型(1980～1990)

随着 SPAC 系统概念的出现，人们对根系吸水过程的认识不断深入，研究也逐步转到以作物蒸腾量在深度上按比例分配和根系密度的半理论半经验模型。此时，模型仍主要针对大田作物，且以一维最为广泛。

(1) Feddes 模型(1980)

$$S = T/z \tag{1.11}$$

式中：T 为单位土壤面积的蒸腾速率；z 为植物根系层深度。

此模型认为吸水速率在深度上是不变的，它不能在根系的上下边界同时满足条件。

(2) Molz－Remson 模型(1981)

他们提出了有效根密度的概念

$$S(z,t) = \frac{T(t)L_e(z,t)D(\theta)}{\int_0^{z_r} L_e(z,t)D(\theta)\mathrm{d}z} \tag{1.12}$$

式中：有效根密度 $L_e(z,t)$ 是通过计算而求得的，因此这种模型具有较高的预报能力，但

$L_e(z,t)$与实际根密度只有当土壤含水率较低时才有较好的相关性,这就限制了模型的实际应用。

(3)Selim - Iskandar 模型(1981)

$$S = \frac{TL(z)K_s(\varphi)}{\int_0^{z_r} L(z)K_s(\varphi)\mathrm{d}z} \tag{1.13}$$

式中:$L(z)$为单位体积的根长度;$K_s(\varphi)$为非饱和土壤导水率;φ 为土壤水势。

(4)Chanardra,Shekhar - Amaresh 模型(1986)

Chanardra,Shekhar - Amaresh 改进了以上模型的不足之处,建立了非线性模型:

$$S = \frac{T}{z_r}(\beta + 1)\left(1 - \frac{z}{z_r}\right)^{\beta} \quad 0 \leqslant z \leqslant z_r \tag{1.14}$$

式中:β 为模型参数。

当 $\beta = 0$ 时即为 Feddes 模型,当 $\beta = 1$ 时即为 Prasad 模型。而且,此模型有很好的边界条件:当 $z = 0$ 时,$S = S_{\max}$;当 $z = z_r$ 时,$S = 0$。

(5)邵明安模型(1987)

邵明安在 Molz 模型的基础上提出了如下模型

$$S(z,t) = \frac{T(t)\lambda(\theta)L^{1/n}(z,t)[\varphi_s(z,t) - \varphi_x(z,t)]/R_{sr}}{\int \{\lambda(\theta)L^{1/n}(z,t)[\varphi_s(z,t) - \varphi_x(z,t)]/R_{sr}\}\mathrm{d}z} \tag{1.15}$$

式中:R_{sr}为根系吸水过程中所遇到的阻力之和;n 为土壤质地因子;$\lambda(\theta)$为土壤水分限制因子;其他符号意义同前。

邵明安模型较全面地考虑了土壤(水分状况、能态、导水能力和质地等)、植物(根系密度、根区、深度)、大气(通过蒸腾的影响来反映)等因素中的主导因子,理论上具有一定的意义。但是土壤质地因子 n 对于同一种土壤并不是不变的,同时 $\lambda(\theta)$的测定也存在困难,这就限制了该模型的实际应用。

(6)姚建文模型(1989)

$$S(z,t) = E_t(t)A(t_r)\exp[-61.9136(z_r - 0.5194)] \tag{1.16}$$

式中:$E_t(t)$为蒸发蒸腾量;t_r 为相对时间;z_r 为相对深度。

此模型的主要缺点是没有考虑土壤剖面上水分分布对根系吸水的影响。

1.4.2.3 当今模型(1990 年至今)

随着对根系吸水过程机理研究的深入和数学、物理、生物学向植物根系吸水研究领域的渗透以及计算机技术的迅猛发展,国内外对根系吸水的研究更加深入,一些学者提出了二维、三维的根系吸水模型,选择研究对象逐渐从大田作物根系转向了乔木根系,主要以经济林木为主。

(1)Prasad 模型(1996)

$$S = \frac{-2T}{z_r^2}z + \frac{2T}{z_r} \tag{1.17}$$

此模型是在 Feddes 模型上发展起来的,比 Feddes 模型好,但仍不能解决上下边界问题。

(2)Somma 三维模型(1998)

$$S(x,y,z,t) = \alpha(x,y,z,t)\beta'(x,y,z,t)T_{pot} \tag{1.18}$$

式中:α、β' 为根系吸水系数;T_{pot} 为植株潜在蒸腾量;$\alpha(x,y,z,t) = \dfrac{1}{[1+(h/h_{50})^{p_1}]\cdot[1+(\pi/\pi_{50})^{p_2}]}$;

$\beta'(x,y,z,t) = \dfrac{\beta(x,y,z)}{\int_D \beta(x,y,z)\,\mathrm{d}D}$;$\beta$ 为节点值;D 为 根系伸展范围;h_{50}、π_{50} 分别为吸水速率减少到50%时的土壤水压力水头和入渗水头;p_1、p_2 为模型参数。

这个模型是针对小麦根系建立的。它充分考虑了根系所吸收水分90%以上用于植株蒸腾,形式简单。

(3)J. A. Vrugt 二维、三维模型(2001)

$$S_m(r,z) = \frac{\pi R^2 \beta(r,z) T_{pot}}{2\pi \int_0^{Z_m}\int_0^{R_m} r\beta(r,z)\,\mathrm{d}r\mathrm{d}z} \tag{1.19}$$

$$S_m(x,y,z) = \frac{X_m Y_m \beta(x,y,z) T_{pot}}{\int_0^{X_m}\int_0^{Y_m}\int_0^{Z_m} \beta(x,y,z)\,\mathrm{d}x\mathrm{d}y\mathrm{d}z} \tag{1.20}$$

式中:$S_m(r,z)$、$S_m(x,y,z)$ 分别为二维、三维根系吸水函数;$\beta(r,z)$、$\beta(x,y,z)$ 分别为构造的二维、三维根系吸水特征函数;T_{pot} 为树木潜在蒸腾量;X_m、Y_m、Z_m 分别为树木根系在空间三个方向上的最大伸展长度;R_m 为树木根系在水平径向上的最大伸展长度。

该模型是针对杏树吸水根系建立的,形式与 Somma 模型类似。

(4)龚道枝、姚立民、康昭忠等(2006)采用改进的 Feddes 模型来建立苹果树根系吸水模型,其具体形式为

$$S_r(z,t) = \frac{\alpha(h)L(z)}{\int_0^{Z_r} \alpha(h)L(z)\,\mathrm{d}z} T_r(t) \tag{1.21}$$

其中

$$\alpha(h) = \begin{cases} \dfrac{h}{h_1} & h_1 < h \leqslant 0 \\ 1 & h_2 < h \leqslant h_1 \\ \dfrac{h-h_3}{h_2-h_3} & h_3 < h \leqslant h_2 \\ 0 & h \leqslant h_3 \end{cases} \tag{1.22}$$

式中:z 为地面向下的深度,cm;Z_r 为根系在垂直方向的伸展长度, cm;$T_r(t)$ 为植株蒸腾强度,cm/h;$S(z,t)$ 为根系垂直方向的一维吸水强度,1/d;$L(z)$ 为垂直方向的一维根长密度,L/ cm^3;h 为土壤水势,cm;$\alpha(h)$ 为水势影响函数;h_1、h_2、h_3 为影响根系吸水的几个土壤水势阈值。

该模型同时考虑了根长密度和土壤水势状况这两个影响根系吸水强度最重要的因素,因此比较合理且形式简单,便于应用。

1.4.3 根系研究存在的问题及发展趋势

1.4.3.1 研究存在的问题

(1)现有的根系吸水模型大都针对大田作物根系来建立。对乔木树种在1990年以后才开始有了研究,而且主要针对经济林木根系,对干旱区特有树种没有涉及。

(2)植物根系都是在空间呈三维分布的,而现有的根系吸水模型大都为一维模型,二维、三维模型较少。这种研究状况在国内更为普遍。

(3)现有的作物根系吸水模式大部分都包含有根系分布、密度、根系阻力或穿透性等参数。由于根系分布的瞬态性,即当土壤干燥时一部分活动根系会死去,但当土壤含水量适宜时新的吸水根系又生长出来。所以即便根系分布函数估算准确,也不能准确地描述根系吸水的动态特征;而且其中一类根系吸水模式虽然不包括根系密度、根系阻力或穿透性等资料,但这类吸水模式是在一定条件下根据实测资料建立的,其经验系数需要根据当地的作物根系吸水速率资料确定。因此,无论是要建立作物根系吸水模型,还是为了分析作物根系吸水速率的分布规律,都需要了解根系吸水速率的动态资料。

1.4.3.2 未来发展趋势

(1)植物根系生长与植物根系吸水是紧密联系在一起的两个过程。植物根系吸收水分促进根系生长,而根系生长又反过来增加植物根系吸水的土层深度并缩短水分到达根表皮的距离。因此,作物根系生长过程及其影响因素、作物根系伸展规律、作物根系密度分布规律等,仍是未来研究的重点。

(2)植物根系发育特点和土壤的分异性质决定了作物根系吸水过程的复杂性。通过对作物根系生长发育和根系吸水机理研究的深入与细化,修改与完善、校正已有的根系吸水模型,简化模型参数,使模型的预测和模拟更接近于真实根系吸水过程与变化,并简单实用,这依旧是以后根系吸水研究的核心内容。

(3)现有的研究,是用传统的文字、图、表进行表达的,极不直观与全面。随着计算机多媒体技术的发展与普及,把模型的运行结果利用计算机强大的图像、图形等功能,做到对其三维景物实时模拟与显示,这样既可直观验证模型的运行结果,又可以帮助修改完善已有的模型(赵成义,2004)。所以,与计算机技术相结合是根系吸水研究的发展趋势。

1.5 胡杨生存现状及研究进展

1.5.1 胡杨概述

胡杨(*Populus euphratica* Oliv.),是极端干旱地区天然分布的乔木树种,属于杨属(*Populus*),由于叶形变异大,故又称异叶杨(见图1-2)。在良好的土壤、水分条件下,生长高大,特别是在郁闭条件下,可以长成直立的干形。一般株高12~18 m,胸径30~40 cm,最大株高可达20 m以上,胸径超过1 m。其主干高一般为6~10 m,自地面起密生小侧枝,中年以后自然枯死,自干上脱落成残留干,树冠为阔卵形。胡杨的成年树具有强大的水平根系,这些水平根系上的不定芽具有旺盛的萌蘖能力。在土壤水分条件较好、盐碱不太重的情况下,能大量萌发出幼苗,成为胡杨自然繁殖的主要方式。在荒漠条件下,胡杨种子繁殖的情况是有限的,根蘖繁殖则是普遍的。凡有胡杨生长的地方,沿公路的取土坑里,与胡杨林相邻近的农田边上,在林区内挖过甘草的地方,都可以看到胡杨的根蘖苗。这些根蘖苗经多年生长,可以长成茂密的次生林。一棵胡杨周围 20 ~ 30 m 以内,可根蘖繁殖出数十株甚至更多的后代,形成团状的幼林。这些团状的幼林,在许多地方,构成了胡杨林特殊的林相(见图 1-3)。胡杨根系通常集中分布在 70 ~ 80 cm 土层,或深达 1 m 左右。

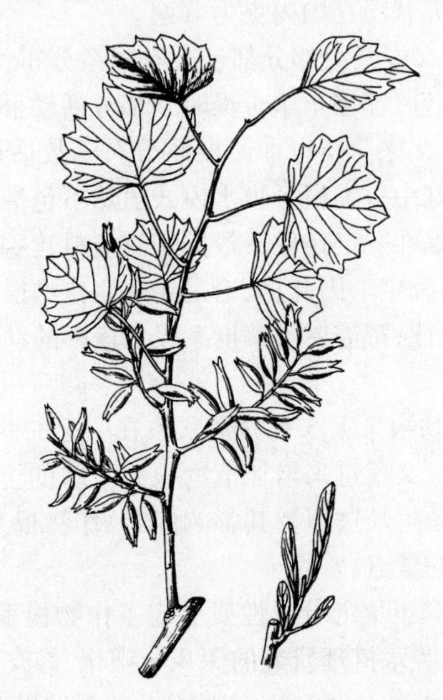

图 1-2　胡杨(*Populus euphratica* Oliv.)的小枝和叶

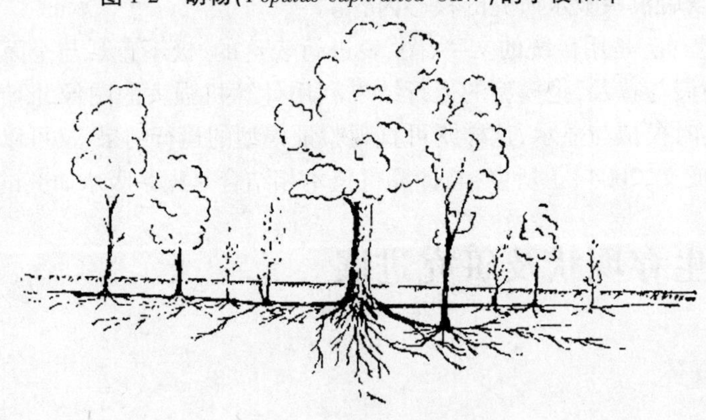

图 1-3　胡杨林林相简图

胡杨主根不十分发达,因而它是近于浅根性的树种。但其侧根非常发达,依土壤干湿和盐碱轻重程度,在土层(20 ~ 60 cm)中呈水平状向四周伸展,长达 10 多 m,最远可伸到 15 ~ 20 m 以外,形成庞大的水平根系网。这种繁殖方式也是胡杨在干旱荒漠地区得以生存发展的重要特点。

胡杨的生命周期一般可划分为6个阶段：

(1)幼龄林阶段:1～10年生幼林。从种子形成幼苗到3龄以前,地上部分生长缓慢、主根发育迅速,地下部分超过地上部分。1年生苗高6～8 cm,根深20 cm;2年生苗高20～30 cm,根深30～40 cm;3年生苗高30～40 cm,根深40～50 cm。5年之后,生长加快,树高约3 m,胸径4 cm左右,叶呈线状披针形。

(2)中龄林阶段:11～20年,为树高生长的高峰期,树高一般4～8m,胸径6～10 cm,树冠为狭卵形,上部为尖塔形,叶呈线状披针形或广披针形,具有稀疏锯齿。

(3)近熟林阶段:21～30年,为胡杨直径生长高峰期,树高生长缓慢,一般为10～14 m,胸径11～16 cm,异叶性明显。

(4)成熟林阶段:31～50年,树高一般为14～18 m,胸径30～50 cm。树干粗糙,有纵沟,树皮较厚。叶渐呈肾卵形。

(5)过成熟林阶段:51～80年,水分条件较好时可达100年,树高一般为20m左右,胸径50～70 cm。树干很粗糙,厚度可达5～10 cm。树冠变小且偏冠不对称,并常有枯梢。

(6)衰亡阶段:81～100年以上(水分条件好的地方更长),枝叶极稀疏,林木枯梢率达100%,林内沙化。

胡杨耐盐碱、水湿,抗干旱、风沙,具有维护分布区内的生态平衡,保障绿洲农牧业生产和为居民生活提供用材等作用,具有较高的生态、经济、社会效益。它的叶子是牲畜的重要饲料来源;胡杨碱是食用碱和手工业的重要原料;胡杨是荒漠河岸林的建群种,在绿洲演替与发展的不同阶段在生态系统方面发挥着重要作用。胡杨林又是涵养绿洲水源,保护野生动物栖息地,畜牧业生产和稳定农业的天然屏障。总之,胡杨林是维护荒漠地区生态平衡最主要的组成部分(王世绩、陈炳浩、李护群,1995)。

由于人口剧增、毁林、农垦、开荒、流域上游截水和修建水库,以及滥樵滥伐滥牧等,致使胡杨林面积极度萎缩。以我国为例,现今的胡杨林面积不足新中国成立初期的1/3。在世界其他地区,胡杨林的破坏程度更为严重。胡杨林分状况同绿洲生态环境一样正处于危机关头。随着西部大开发的不断深入推进,对干旱区资源的合理与持续利用提出了更加迫切的需求。因此,保护和恢复胡杨林是干旱内陆区持续、科学发展的关键问题之一。

1.5.2 胡杨的分布及地理环境特征

胡杨的分布范围横跨欧、亚、非三个大陆,聚集在地中海周围至我国西北部和蒙古干旱、半干旱荒漠地带20个国家(见图1-4和表1-2)。

我国的胡杨林分布在西北地区的新疆、内蒙古西部、青海、甘肃和宁夏等5个省(区)(见表1-3)。

胡杨林分布区的植物种属和所构成的植被类型有着明显的一致性,种类单纯,以旱生、沙生、盐生植物占优势;植被结构十分简单,构成了典型的旱生荒漠植被景观。乔木种类以胡杨和沙枣为主要代表。各亚区的植被特征见表1-4。

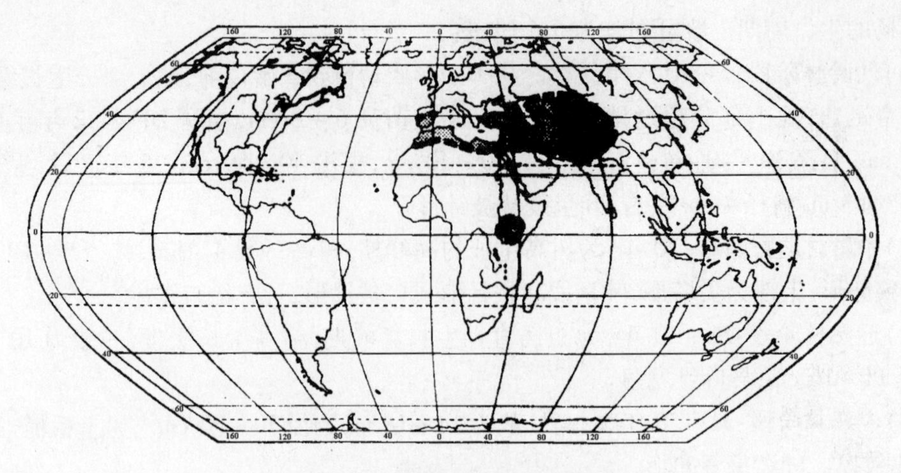

图 1-4　胡杨林在世界分布简图

表 1-2　胡杨林在世界的分布

国家	面积(hm^2)	比例(%)	国家	面积(hm^2)	比例(%)
中国	375 200	61.0	叙利亚	5 818	0.9
中亚各国	200 000	30.8	土耳其	4 900	0.8
伊朗	20 000	3.1	巴基斯坦	2 800	0.4
伊拉克	20 000	3.1	西班牙	<1.0	

表 1-3　胡杨林在我国的分布

分布区域		面积(hm^2)	比例(%)
新疆	塔里木盆地	352 200	89.1
	准噶尔盆地	8 000	2.0
内蒙古西部		20 000	5.1
甘肃西部		5 000	3.8
青海及宁夏		零星分布	

表 1-4　中国胡杨林各亚区的范围及其地理环境特征

亚区	地理范围	地形地貌	水系	土壤
新疆南部	塔里木盆地北部平原，包括库尔勒－阿克苏绿洲、喀什三角洲，塔盆南部平原的和田绿洲；吐鲁番－哈密区	内陆河流两岸、大河三角洲、旧河床、古河道、湖盆四周、坡麓冲积扇	天山水系：塔里木河，阿克苏河、叶尔羌河及其支流；昆仑山水系：和田河克里亚河下游及其支流	荒漠胡杨林土（林灌草、甸土）或沙土、风沙土

续表 1-4

亚区	地理范围	地形地貌	水系	土壤
新疆北部	准噶尔盆地的玛纳斯－昌吉区、塔城－博乐区、阿勒泰南部河谷	内陆河流两岸、大河三角洲、旧河床、古河道、湖盆四周、坡麓冲积扇	玛纳斯河、诺敏河和乌伦古河等及其支流	荒漠胡杨林土
内蒙古西部	黑河下游额济纳绿洲	干湖盆和洼地	黑河	灰棕漠土或风沙土
甘肃西部	安西－敦煌盆地、阿克塞盆地，玉门－塔什盆地	地形呈平原化低河谷地	疏勒河下游及其支流	石膏灰棕漠土或风沙土
青海柴达木西北部	托拉海沿岸、格尔木以西拉林格勒河上游河谷地区	河滩、阶地	拉林格勒河上游	盐化灰棕漠土或风沙土
宁夏	河套平原黄河沿岸灌区	黄河沿岸	黄河中游	草甸盐土

1.5.3 胡杨林的气候特征

我国胡杨分布区属温带大陆性平原区荒漠气候。其特点是：干旱少雨，夏炎冬寒，日照强烈，光热充足；温差变化极大，平均年较差 28.5～44.1 ℃，日较差 20～27.5 ℃；风大沙多，降水稀少，蒸发量大（见表 1-5）。

表 1-5　我国胡杨林各亚区的气候特征

亚区代号	全年日照(h)	平均温度(℃)			年降水量(mm)	年蒸发量(mm)	年均相对湿度(%)	平均风速(m/s)	全年沙暴天数(d)	年均大风日数(d)	无霜期(d)
		1月	7月	年差							
1	2 778.0	10.5	24.8	33.5	47.4	2 082.0	50	1.6	1.4	14.0	153.5
2	2 732.6	8.0	27.4	44.1	105.3	3 545.2	48	3.7	1.8	76.3	141.1
3	3 452.2	8.2	26.2	38.7	37.9	3 769.6	35	3.9	19.7	44.0	114.3
4	3 260.0	8.8	24.9	35.3	45.7	3 140.6	39	3.7	13.7	68.5	166.7
5	3 078.3	4.2	17.6	28.5	38.8	2 801.5	33	2.4	15.4	22.4	146.7
6	3 039.6	8.5	23.4	32.4	202.8	1 583.2	59	1.8	6.7	25.7	196.2

注：各亚区代表性气象站台依次是轮台、克拉玛依、额济纳、安西、格尔木和银川（资料来源：《中国地面气候资料》（第 6 册），气象出版社，1983）。

1.5.4 水文及地貌、土壤特征

"林随水生"是胡杨林自然分布区最大的特点之一。凡有胡杨生长的地方，大都是临近

水源,地下水位高,潜水位深度距地表 1 ~ 8 m;土壤在夏季能得到河流的洪水浸润,或有引洪灌溉的条件。所以,对胡杨而言,河流是根本,河漫滩是摇篮,地下水是命脉;胡杨林渊于河流,而受制于河流。垂直河道方向,距河道越远,地下水埋深越深,土壤含水率越小,林木生长量则随之减少(见表 1-6)。

表 1-6　不同立地条件下胡杨林测树因子

林型	垂直河道距离(m)	地下水		采土层含水率(%)	林龄(a)	郁闭度	平均树高(m)	平均胸径(cm)	立木株数(株/hm²)	年生长量(m³/hm²)
		埋深(m)	矿化度(g/L)							
拂子茅 - 柽柳 - 胡杨林	100 ~ 150	1 ~ 2	0.2 ~ 0.5	15 ~ 20	6	0.7	3.2	4.0	6 267	2.5
甘草 - 柽柳 - 胡杨林	150 ~ 500	2 ~ 3	1.5 ~ 2.5	6 ~ 10	18	0.7	8.1	10.5	1 622	3.2
甘草 - 罗布刺 - 铃铛刺 - 胡杨林	500 ~ 900	3 ~ 4	2.5 ~ 3.5	3 ~ 5	35	0.5	8.8	16.0	791	2.0
柽柳 - 胡杨林	900 ~ 1 600	<6	3.5 ~ 5.0	<2	70	0.3	14.9	48.0	106	1.6

胡杨林分布区的地貌景观为冲积、洪积平原。它包括内陆河流两岸河漫滩地常年洪水浸淹洼地、阶地、古老的河道河床、间歇性的河道干沟、山前坡麓扇缘带、平原湖泊周围和沙漠边缘地带等。在干旱荒漠条件下,胡杨林的形成、发生发展,都是在平坦地段湿润、盐分不高的土壤条件下进行的。随着时间的推移与地形水文条件的自然变化,例如河道变迁、水源丰歉或枯竭、上游断流、下游断水以及河流的水力作用等等都将造成水源在质或量方面的变化,从而在空间和时间上对胡杨林的生长与发育有较大的影响(见图 1-5)。

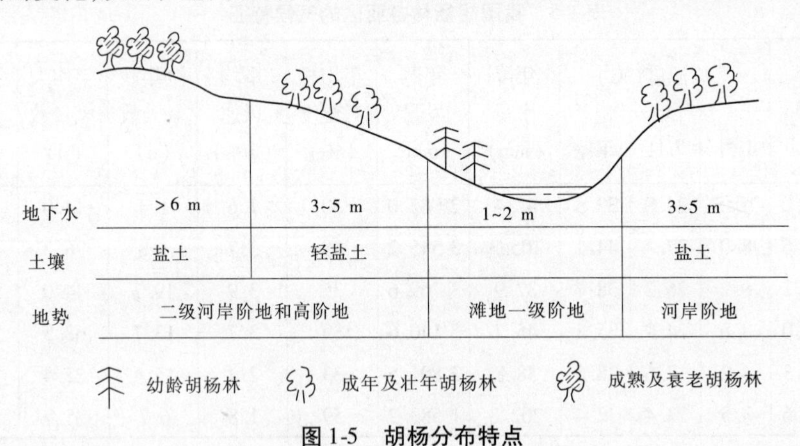

图 1-5　胡杨分布特点

胡杨对于土壤质地没有明显要求。它们生长分布地区的土壤,有沙土、沙壤土、轻壤土,也有中壤土。主要有 5 种类型:①壤土;②沙土;③壤土 - 沙土 - 壤沙土;④壤土 - 沙土;⑤沙土 - 壤土 - 沙土。一般胡杨林地土壤质地较轻。其中以第 4、第 5 类土层分布最广。但从它们的生长情况来看,不管土壤质地如何,只要水分条件好、盐分轻,生长都很旺盛。

1.5.5 胡杨林的主要类型

依照森林群落的结构组成、林学特征和立地条件，分布区内胡杨组成的森林，主要可分为以下几种类型。

1.5.5.1 柽柳－胡杨林

柽柳－胡杨林最为普遍，在塔里木河、额济纳河沿岸，自河漫滩地的幼苗阶段开始，到高阶地的胡杨林下，都有柽柳混生。这表明柽柳在生长发育初成群落的时候，即与胡杨伴生。随着环境条件的变化和胡杨生长发育的影响，柽柳的生长分布发生许多变化，形成几个不同生长发育阶段的柽柳－胡杨林类型。

1）*柽柳－幼龄胡杨林*

幼龄胡杨林中，柽柳发育良好，其他伴生植物也相当繁茂，多分布在河漫滩地的上部（或一级阶地）和部分季节性的河床中，多沙壤土，盐分轻，水分充足，柽柳处于下木层，常呈二段林相。其他伴生植物多为草甸型向旱生型的过渡种，主要有胀果甘草、胖姑娘、大花罗布麻、本氏牛皮消、刺儿菜、铃铛刺、沙生旋复花、芦苇等植物。在此类林分中，地下水位一般较高，土壤水分条件较好，有利于胡杨的生长发育。

2）*柽柳－中龄和成熟胡杨林*

这个类型分布最广，面积最大，它是前一个类型的发展，多在一级和二级河阶地上。土壤较为深厚，水分条件也较好，地下水位常在2～4 m。林木茂密，生长一般良好，林木蓄积量大。这是胡杨生长发育最兴盛的阶段。

林下植物种类，除稀疏的柽柳外，还有少数甘草、铃铛刺、骆驼刺等伴生；但在部分表土盐分较重处，间有少数黑刺、盐穗木出现。

3）*柽柳－衰老胡杨林*

这类地区地下水位下降过低，土壤表层盐分聚集量很大，胡杨生长普遍衰退，有枯梢现象，严重时甚至一部分或全部死亡和倒伏。此时，林下植物也因水源不足和盐分过重而衰退死亡，一般仅残存少量的柽柳、黑刺和盐穗木。这种类型的胡杨林，可能向三个方向发展：当土壤盐分增加比土壤水分减少更甚时，盐穗木得到适宜的环境而大量发育；相反，土壤盐分增加不十分强烈，盐穗木的发展受到一定程度的抑制时，原有的柽柳在胡杨郁闭度减小的情况下，有时可占优势；此外，由于风沙的侵蚀，林地出现较多的泡果白刺，代替了其他植物，成为沙丘地或风沙侵蚀地，这类胡杨林复壮更新较为困难。

1.5.5.2 芦苇－胡杨林

这类林地也很普遍，出现在土壤水分充足、盐分较轻的地带。胡杨一般生长茂盛。除芦苇以优势建群种与胡杨伴生外。在其他类型的胡杨林内，差不多都可见到芦苇，只是其生长疏密度不同而已。

在胡杨林成长发育的过程中，都有与芦苇混生的阶段。在生长良好的胡杨林下，伴生植物单纯，除芦苇外，林内和林缘尚有大花罗布麻、骆驼刺和生长不良的柽柳、黑刺；在林间空旷的槽形低湿地上，还可看到呈小片生长的拂子茅。这类林分，有的由于排水不良，水分聚集而形成土壤沼泽化。林地很可能变为芦苇滩，胡杨林则不复存在。

1.5.5.3 铃铛刺－罗布麻－胡杨林

此类胡杨林分布在河漫滩上部与河岸高阶地上，土壤水分状况较好，质地较轻。但在土层中多夹有中壤层，表土常有一层1 cm左右厚的盐结皮；盐分较重的地方，表土中还有较多的盐斑分布，下层土壤常受地下水的影响，有暗灰色或蓝色的浅育层。在这类胡杨林下，伴生植物还有骆驼刺、胀果甘草、芦苇等。这些植物由于有强大的根系，能从盐分较轻、水分充足的深层土壤中吸取营养，所以表土盐分稍重对它们影响不大。这类胡杨林多处于干树林阶段，一般生长良好。但在林缘地带，土壤水分减少，盐分增加，胡杨则常常趋向衰退，黑刺等侵入，铃铛刺生长旺盛，并有代替胡杨的趋势。

1.5.5.4 罗布麻－甘草－胡杨林

在盐分较重、地表有薄层盐结皮的幼龄胡杨林下，有大花罗布麻、胀果甘草、柽柳、芦苇、铃铛刺等分布。由于土壤盐分较重，水分条件较差，所以虽有上述植物分布，但生长并不茂盛。这一类型与上述铃铛刺－罗布麻－胡杨林相似，仅罗布麻出现数量较多，并演变强烈。在土壤湿度增大、盐分浓度降低的地段（多因短期洪水浸洗的结果），罗布麻、胀果甘草等植物生长较好。但在土壤水分趋于减少、盐分增加的情况下，这些植物即行衰退，或者只剩下铃铛刺。

1.5.5.5 胡杨疏林

这类多为过熟和衰老的胡杨林，伴生植物稀少。由于环境条件恶劣，胡杨大部分生长不良，或有枯死现象。林下原有的伴生植物也大部枯死，有时仅见其残迹，如甘草、芦苇等的枯枝腐根；柽柳、盐穗木也生长不良。胡杨由于环境条件的影响及其发育进入老龄，不但林相残破，立木也多心腐。例如在新疆孔雀河下游尚存的成片胡杨纯林，多为中、老龄林，呈团状分布，株间虽密，但郁闭不好，林下伴生植物少见。这种林相，主要是土壤质地轻、沙层过厚（2 m以上）、地下水位过深（6～7 m以下）的缘故。

胡杨与其伴生植物一样，都处在相互演变更替的过程。随着年龄的增长和环境条件的变化，胡杨经过幼龄、壮龄、老龄逐步趋向衰亡，并不断被其他植物群落所代替（见图1-6）。

目前还很少见到胡杨自然复壮的循环规律。在胡杨林环境条件的变化中，土壤水分和盐分的变化，对胡杨的生长、发育、衰老和死亡起着决定性的作用。但依不同地区和胡杨不同的生长发育阶段又有所差异。

1.5.6 胡杨林的生态功能与作用

胡杨林是干旱区绿洲森林生产力最高、结构与功能最完善、生长发育最茂盛的生态系统，也是荒漠陆地生态系统中最稳定的生态系统，因而胡杨林的生态功能与作用很大。

（1）防风固沙、防浪固岸、阻挡流沙移动。在胡杨林主要分布地区，如新疆塔里木河、叶尔羌河、和田河、克里亚河，甘肃疏勒河和内蒙古额济纳河等两岸，常常沿岸形成数公里宽至百十公里长的绿色屏障。对于防止河道改道、河岸塌陷，特别是阻挡塔克拉玛干大沙漠、巴丹吉林沙漠、腾格里沙漠的移动与扩散，保护荒漠生态环境，以及维护荒漠地带的生态平衡都有着很重要的作用。

（2）防止风沙和干热风，改善小气候，确保农业稳定。胡杨林是农田的生态屏障，植

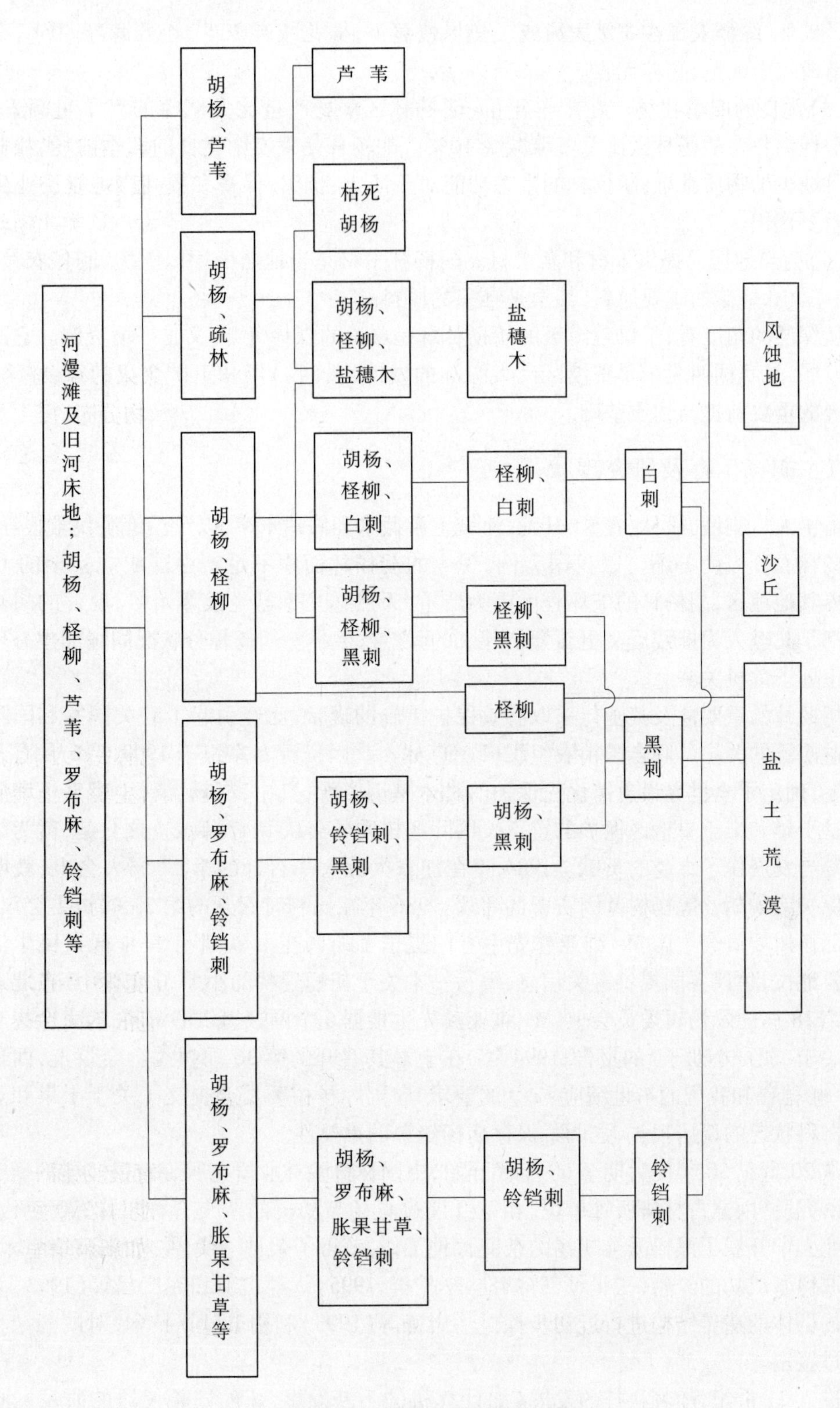

图 1-6 胡杨林地植被演替过程

被一经破坏，绿洲农田在8级大风或干热风侵袭下，棉花减产20%，小麦减产40%，有的甚至造成完全死苗，颗粒无收。

(3)优良的四季牧场。在干旱年份，胡杨林区草场产量比戈壁滩的产草量高1倍。羊群消耗饲料在胡杨林区比戈壁滩减少10%。胡杨林是荒漠中优良的四季牧场、牧业发展不可缺少的物质基础；胡杨林的生态功能对于防灾、抗灾、保畜和提高当地牲畜业生产都有重要作用。

(4)为当地居民提供木材和薪炭材。胡杨林木材是当地居民用以盖房、制作农具、造船、制家具和烧柴的重要原料，甚至是唯一的原料。

从深层的角度看，干旱荒漠区的胡杨林既是珍贵的森林资源，又是环境资源。它的存在与发展，是我国西北干旱荒漠区广大绿洲的城镇、农(牧)场和工矿企业的社会经济持续发展的重要前提与物质基础。

1.5.7 胡杨生存及研究现状

由于人口剧增、毁林、农垦、开荒、流域上游截水和修建水库，以及滥樵滥伐滥牧等，致使胡杨林面积极度萎缩。以我国为例，现今的胡杨林面积不足新中国成立初期的1/3。在世界其他地区，胡杨林的破坏程度更为严重，天然林几乎已经破坏殆尽，现存的胡杨林几乎都是几经人为摧残后又更新繁衍起来的天然次生林。胡杨林分状况同绿洲生态环境一样正处于危机关头。

胡杨林的重要性及其亟待采取有效保护措施的现状，已经引起了有关国家和国际组织日益广泛的关注。联合国粮农组织(FAO)林木基因资源专家组于1993年6月召开的例会上，确定了全世界最急需优先保护的林木基因资源，其中，胡杨、滇杨、缘毛杨和墨西哥杨是干旱和半干旱地区保护的重点。国际杨树委员会从1947年成立之日起，就为胡杨的恢复与发展作了卓越的贡献。1984年在加拿大渥太华召开的第17届大会上，就明确提出保护诸如胡杨等杨树基因资源的建议；1986年在比利时召开的第33届执委会议上，原国际杨树委员会主席M. 维亚赫先生专门提出了胡杨在干旱、半干旱地区人民生活中的重要地位，建议各国提供有关信息，编写一本关于胡杨现状的小册子；1988年在北京召开的第18届国际杨树委员会上，M. 维亚赫先生根据6个国家提供的资料，向大会提交了一个关于《胡杨小册子》的报告；1994年，在土耳其召开的第36届执委会会议上，西班牙的A. 帕德鲁和我国的王世绩应FAO的要求，向国际杨树委员会提交了关于干旱和亚热带杨柳科状况的调研报告，强调了保存胡杨资源的重要性。

从20世纪50年代后期至60年代开始，中国林科院林业研究所、南京林学院、辽宁省杨树研究所、内蒙古林研所等单位，相继开展过青杨与胡杨的杂交育种工作；70年代，甘肃农业大学开展了黑杨派与胡杨的杂交育种工作，获得了杂种一代，并对胡杨的组织培养技术取得了成功的经验(王世绩、陈炳浩、李护群，1995)。孙雪新和庞广昌等(1993)对我国胡杨群体的遗传结构进行过初步探讨。唐谦等(1993)利用RAPD技术，对胡杨杂种后代做过鉴定。

进入21世纪，随着科技的发展(如计算机的不断发展、新的试验仪器的研发)，更重要的是新的观念和理论的产生，使得对胡杨的研究迈入了一个更高的层次。在这方面中科院新疆生态与地理研究所、中科院寒区旱区环境与工程研究所的有关专家、学者已做了大量的工作。中科院寒区旱区环境与工程研究所负责的中国科学院知识创新工程项目“黑河下游额济纳绿洲生态环境综合治理试验示范”(2000~2004),根据黑河下游额济纳绿洲生态分类,对额济纳绿洲土壤-植被-大气连续系统能量-水量传输和陆面水文过程进行了长期观测,建立了简单的水文-植被、水文-大气模型,开始了极端干旱地区水-土-气-生的初步研究(冯起等,2006;司建华、冯起等,2004、2005);对额济纳绿洲主要植物种类的耗水量进行了测定,并分析了热量收支特性与蒸散研究等(张小由等,2004)。以上研究主要对单木野外耗水试验进行分析研究。

由此可以看出,虽然胡杨是荒漠河岸林的建群种,在绿洲演替与发展的不同阶段的生态系统方面发挥着重要作用,是维护荒漠地区生态平衡最主要的组成部分,但是胡杨林面积极度萎缩,说明对胡杨的研究重视程度不足、力度不够;从SPAC角度来看,对胡杨根系缺乏研究。

1.6 研究目标及研究内容

综上所述,可以看出:

(1)植物根系通过吸收和输送把土壤水分送到植物体内,成为土壤-植物-大气连续体的重要部分。所以,对SPAC系统中水分运移的定量描述,关键因素之一在于确定植物根系对水分的吸收。

(2)内陆河生态水文研究关键点在于SPAC系统耦合机制的解析,而下游地区极端干旱绿洲生态-水文耦合研究是流域水文研究的难点,也是当前干旱区研究的热点问题(冯起,2006)。对极端干旱绿洲生态-水文耦合研究而言,关键是建立建群种胡杨和柽柳SPAC系统模型及探讨地下水与土壤水变动对植物生理和生态的意义。

所以,以极端干旱区额济纳绿洲胡杨为对象,研究胡杨SPAC系统中的根系吸水问题及其模型的建立,就是解决以上理论和实践中存在的问题。该问题的解决将对极端干旱区主要植物的保护和恢复,对干旱区资源的合理、有效与持续利用提供有益的科学依据。

第2章　研究区域及试验设计

2.1　额济纳自然地理概况

研究区域额济纳天然绿洲，位于我国西北干旱地区第二大内陆河流域——黑河流域的下游干三角洲地区（41°40′～42°40′N，100°15′～101°15′E）。额济纳流域总面积62 200 km^2，绿洲面积3 116 km^2，占流域总面积的5.01%，占三角洲总面积的10.11%。黑河下游主要分为东河区、西河区以及古日乃湖滩。沿东河和西河的绿洲将三角洲划分为东戈壁、中戈壁和西戈壁3块；古日乃湖滩地分布于东戈壁与巴丹吉林沙漠西缘之间（见图2-1）。

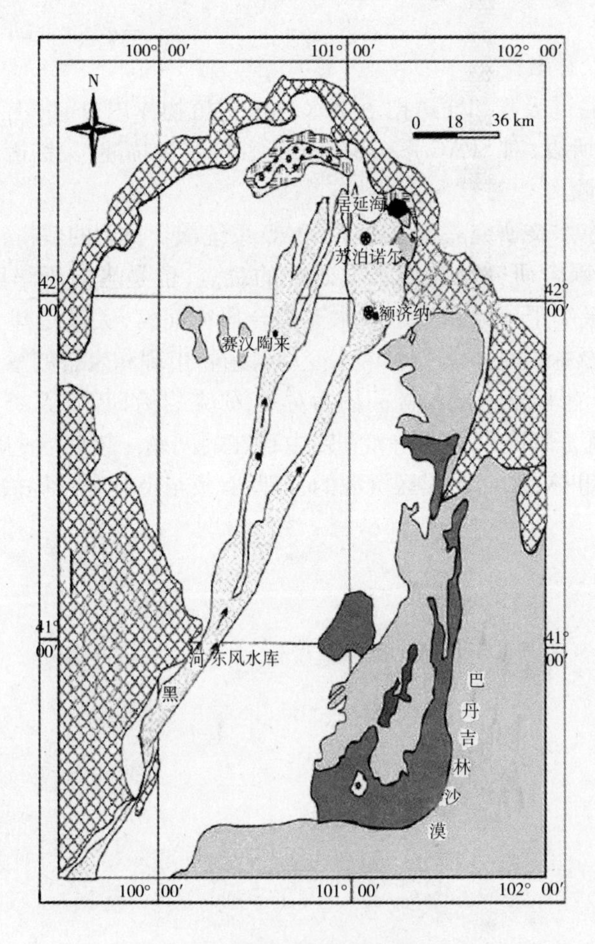

图2-1　额济纳地理位置图

据有关古地质资料记载,早在3 000万年前,这里和新疆塔里木盆地同属地中海部分。只是早在7 000万年前的喜马拉雅造山运动开始,后来形成青藏高原,海面后退,才使这些地区远离海洋,移属大陆腹地,逐渐演变为荒漠地带。有着6 000多万年历史的古生残遗树种胡杨,就是从地中海那边开始,沿着新疆塔里木河、青海柴达木盆地、河西走廊一直到境内弱水流域(即黑河流域下游),形成一字排开生长,成为活的化石。居延地区由远古时代的海底上升到陆地,由水生环境演变成荒漠绿洲,是古地质年代沧海桑田演变的结果。当历史进入到人类社会以来,居延地区的人类发展史,是围绕黑河水与其所注浸的居延绿洲而展开的,古代的额济纳绿洲孕育了居延汉、唐、西夏及元代文明。额济纳始得名于300年前的土尔扈特蒙古族移居到此地。17世纪中叶,蒙古族土尔扈特部落从伏尔加河畔回归祖国来此定居,从此该地区成为蒙古族同胞牧耕的生息之地。

2.1.1 气候特征

额济纳绿洲位于欧亚大陆腹地,太平洋、印度洋暖湿气流受高山、高原阻隔很难到达该地区。冬季受蒙古高压控制,夏季受西风带影响,为典型的大陆性气候。具有气候干燥、降水量少、蒸发量大,冬季寒冷、夏季炎热,气温年较差、日较差大,光照充足、多风沙的气候特点。

多年平均气温8.7 ℃,年内6、7、8月三个月气温最高,月平均气温分别为24.6 ℃、26.5 ℃、24.4 ℃,年最高气温出现在7月份,极端最高气温为43.1 ℃,年内最低气温为12月至翌年2月份,极端最低气温为-37.6 ℃。年平均气温日较差17.2 ℃,最大气温日较差29.1 ℃,无霜期146天,初霜日最早出现在9月中旬,终霜日最迟出现在5月上旬,结冰期120天左右,头年10月下旬结冰,次年3月末解冻,冻土深度多年平均为1.0 m左右。年均相对湿度35%~42%,湿润系数低于0.009%~0.012%。额济纳旗大部分地区的年均气温在7.8~8.5 ℃,年均极端最高气温40 ℃以上,拐子湖极端最高气温为43.1 ℃。冬季干冷,最冷在1月,平均气温在-13.5~-11.7 ℃。极端最低气温出现在吉格德地区,为-37.6 ℃;其次是苏泊诺尔地区,为-36.4 ℃,均出现在2月份。

降水极少,蒸发量大。多年平均降水量为36.6 mm,年最大降水量为64 mm,最小降水量为7.0 mm,不能满足农作物和牧草正常生长的需要,降水量最少出现在达赖库布区,为39.7 mm,最多出现在拐子湖区,为49.3 mm。年蒸发量为3 505.7 mm,最高达4 384.4 mm,为降水量的100倍,全旗蒸发量最大出现在西戈壁,为4 123 mm,是降水量的109倍;最小出现在苏泊诺尔地区,为3 746 mm,是降水量的79倍。年降水量主要集中在6~8月份。降水的特点是年内分配极不均匀,连阴雨少,降水时间短,年最长无水日达252天,冬季降雪日数一般仅有2~5天,均以小雪为主,大雪很少,最大积雪深度为6~15 cm。

全年以春季风多、风大,而且盛行偏西风和西北风,夏季多为偏东风。年均风速为3.4 m/s,年最大风速为24 m/s,八级或大于八级的大风年均88次。大风常引起沙尘暴,全年沙尘暴日数平均为20天,最高可达46天。大风风速最大出现在西北部黑鹰山区,为5.0 m/s,大于8级以上的大风日数107天;风速最小出现在沿河流域的达来呼布区,为3.9 m/s,大于8级以上的大风日数为44天。

光照充足,年日照时数为3 443.6 h,干旱指数高达47.5,年≥0 ℃积温为4 073 ℃,

≥5 ℃积温 3 965 ℃,≥10 ℃积温 3 695 ℃;太阳辐射总量最多的是达来呼布地区,为 668.6 J/cm^2,最少的是苏泊诺尔区,为 647.7 J/cm^2。

2.1.2 地质与地貌特征

从额济纳绿洲大地构造看,位于天山、阴山地槽,即属于华北陆台海西褶皱带内蒙古地槽的西部边缘,北接蒙古国阿尔泰地槽,西面与马宗地台相连,南与祁连山地槽的北部相连,东、东南为阿拉善活化台块,两面都是地台,属介于阿拉善活化台块北山断块带之间的呈北—北东走向的断裂凹陷盆地。在盆地地层可找到震旦系的石灰岩、花岗岩、白垩系;在戈壁平原、山涧盆地可找到第三纪,第四纪地质在额济纳旗广泛分布。其所含的不同年代地层分布如表 2-1 所示。

表 2-1 额济纳年代地层表

年代地层			所含岩石及分布区域
第四系 Q	全新统 Q_h		冲积、洪积区沙土夹粉细沙层,分布在达镇—农场公路以北,厚 2 ~ 7 m,河沟河谷内的冲积层沙岩和石膏质岩,沿河有山的地方;湖积亚黏土夹粉细沙层,在额济纳旗农场一带;在节次格敖包一带,0 ~ 20 m 处,主要是黏土、灰黏土;在建国营一带,0 ~ 17 m,主要是沙层
	更新统 Q_p	上更新统 Q_3	洪积沙砾碎石层,准扎海乌苏北,在夏勒诺尔—赛汉陶来一线以西戈壁地区亦有分布,厚 1 ~ 3 m。主要是沙质沙砾及石膏层
		中更新统 Q_2	洪积沙砾石,零星分布于东南巴格洪谷尔吉山前地带,岩性以半胶结沙砾、碎石为主,上部见淋滤的石膏层。冲洪积黏土、中细沙,含砾粗沙层,主要在老东庙、进图素海子埋深 2 ~ 3 m
		下更新统 Q_1	洪积泥岩层,赛汉陶来河沟底,苏古诺尔北缘,准扎乌苏西北山前倾斜平原。冲洪积黏土,亚黏土,细粉沙层,地下 10 ~ 40 m 在达镇以北地区
第三系 N	上新统 N_2		一般埋于地下 100 ~ 200 m,北部 25 m,拐子湖原林场一带的第三系可分为三层,上层为泥岩与沙岩互质,泥岩主要是深红色、浅灰色,沙岩主要是细沙岩,次之为中沙类岩,在乌兰贝利格地区也是新第三纪地质,高 2 m,主要是泥砾岩,在沙砾石与泥砾岩之间共有 2 ~ 8 cm 厚的石膏
白垩系 K			分布在乌拉托山西部,岩性为沙岩或岩岩
侏罗系 L	上侏罗统 L_3		广布于山前地带,山间盆地内也有零星出露,面积约占全旗的 1/5,均成近东西向展布,并分别不整合在震旦亚界、石炭系、二叠系和花岗岩上,为内陆湖相沉积

续表 2-1

年代地层		所含岩石及分布区域
二叠系 P		零星地分布在八道桥一带，属海滨、海陆交替相沉积的碎屑岩，中酸性－中基性火山层。裂隙部发育，与上侏罗统不整合覆盖
石炭系 C	上石炭系 C_3	主要发育在额济纳旗北、东、呼乃巴斯克南系，呈近东西向带状分布，为典型浅海相地层，上部是细碎屑岩夹少量碳酸岩，中部则为中酸性火山岩夹基性火山岩，下部碎屑岩夹中性火山岩及火山碎屑岩，岩性为粉细沙岩、安山岩及流纹质角砾岩等
	中石炭系 C_2	
泥盆系 D	中泥盆系 D_2	多分布在额济纳旗东南部向东可延至雅干北，主要为一套区域变质岩系，岩性为片岩、沙岩、中酸性火山岩等，纵横向变化大。由西向东侧为片岩－沙岩、板岩－中酸性火山岩，与板岩中产生腕足类化石，同时变质程度趋向减弱
	下泥盆系 D_1	
奥陶系 O	中奥陶系 O_2	大体可分为两个带，均成东西向出露，呼乃巴斯克南一带，岩质为沙岩夹泥质粉沙岩，硅质岩及结晶灰岩透晶体，下部见夹浑层状，沙砾岩，含砾粗沙岩等；齐伦恩格次—红格尔一带为南带，主要为一套中基性火山岩，亦呈近东西向。带状层分布
震旦系 Z	上震旦系 Z_1	石灰钙分布在哈拉西特乌拉、小洪果尔山、达来呼都格北部等地区，主要为板岩、片岩、片麻岩、石英岩、欧质灰岩
	下震旦系 Z_2	主要分布在红石山以南地区，上部为轻变质、中基性火山岩，厚 527 m，下部为大理岩，厚度 500 m，出露面积 7 km^2，近东西向带状分布，红石山以南近南北向

额济纳盆地的构造形迹主要呈东西向展布，由一系列隆起、凹陷和逆冲断裂组成，例如北部大驼山—洪格尔山隆起带、南部合黎山—北大山—狼心山弧形隆起带及建国营—额济纳旗深大断裂，以及阿拉善北缘天仓—特罗西滩大断裂等（见图 2-2）。至中生代末期，该区基底构造格架基本形成，并控制着新生代区域沉积建造。盆地南部与阿拉善台隆为深大断裂接触，东侧与巴丹吉林沙漠也为断层所限，北、西两侧与山体为不同角度的山足面接触。

在额济纳盆地，还发育有 NE、NW 及 NNE 向构造，将本区分割成规模不等的棋盘格式地块，凹陷与隆起相间。自东向西，顺次形成古日乃湖凹陷、狼心山—木吉湖山隆起、建国营凹陷等。主要断裂有古日乃—柴达木断裂、古日乃断裂及东西河断裂等。狼心山—木吉湖山隆起带，把盆地分割成东、西两部分，形成两个天然的第四系沉积洼地，控制了第四纪地层的沉积厚度及岩相分布。

额济纳绿洲的地貌类型可以划分为 3 片：一片西部及南部边缘地带为干燥的剥蚀低

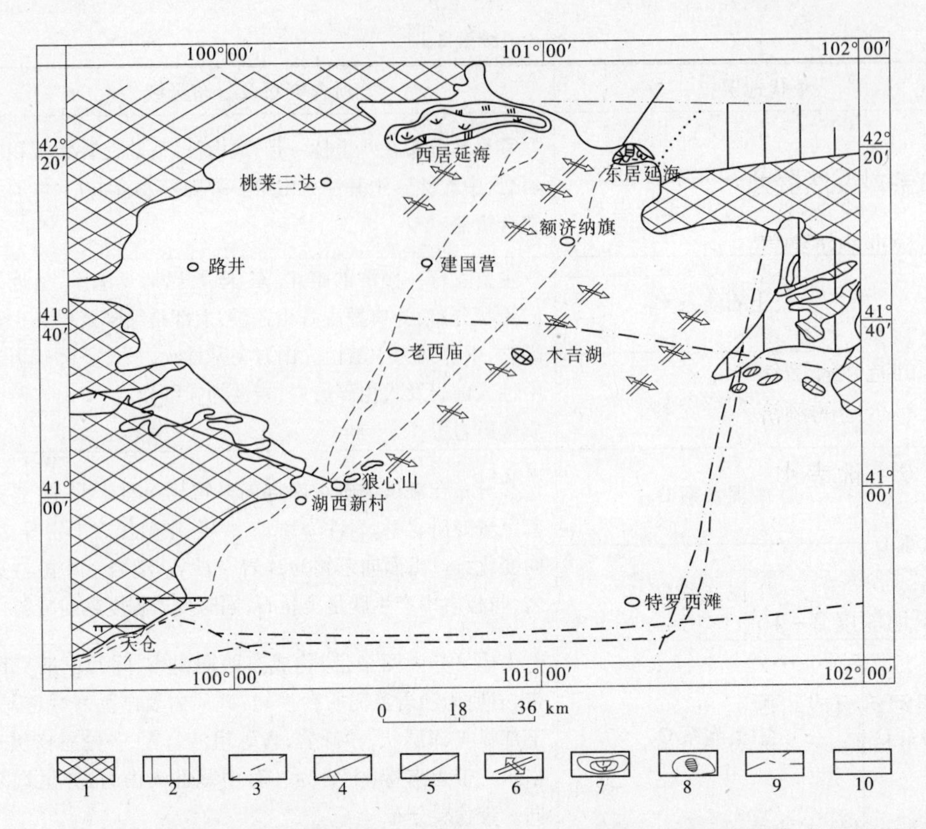

1—前中生界;2—中新生界;3—深大断裂;4—大断裂;5—卫星反映及推测的隐伏断裂;6—基底隆起带;
7—盐壳、盐碱地;8—间歇性湖泊与沼泽;9—季节性河流;10—工作区界线

图 2-2　额济纳盆地地质基底构造

山和残丘,其中还包括东北部的雅干一带的残山、残丘,这些山体残丘均呈东西走向,海拔多在 1 200 ~ 1 400 m,相对高度在 50 ~ 150 m。西南部的马鬃山最高,属中低残山,主峰高 2 538 m,在甘肃省境内。另一片为广阔的冲洪积平原,其中包括东西戈壁和弱水河两岸阶地,在两河之间由于河水的冲积形成广阔平坦的冲积平原。第三片就是东缘的巴丹吉林沙漠,额济纳整个地形是由南向北地势逐渐降低,到青山头、麻黄沟一线过渡为广阔的低平原,海拔在 1 000 m 左右,最北部的国境线一带仅有 900 m,因此湖泊多聚集于此(见图 2-3)。

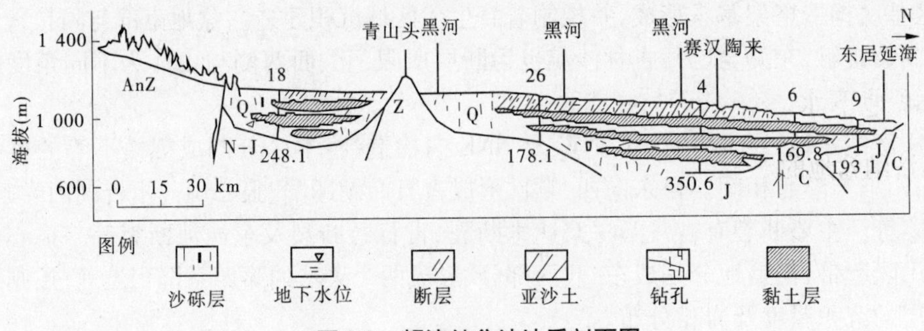

图 2-3　额济纳盆地地质剖面图

2.2 额济纳水资源状况

2.2.1 天然降水

根据额济纳气象局 1957 ~ 2000 年降水统计资料,额济纳绿洲多年平均降水量为 39.8 mm,蒸发量为 3 504 mm,蒸发量是降水量的 88 倍。降雨多集中在每年的 6 ~ 9 月,占全年降水量的 70% ~ 80%。一次降水量 >10 mm 的降水十分稀少,因此天然降水对地下水的直接补给作用较小。但降水对增加土壤含水量、抑制蒸发具有重要作用,因此降水对干旱少雨的额济纳天然绿洲仍然是一种重要的水资源形式。

2.2.2 地表水

黑河从正义峡流经鼎新、东风场区到达狼心山,过狼心山分水闸进入额济纳绿洲后分为东河和西河。东河自狼心山到东居延海全长 157 km,从狼心山流出后,河床宽 50 ~ 80 m,下切深度 2 ~ 4 m,以沙质为主。东河昂茨河分水闸以下共计有铁库里河、班布尔河、一道河、二道河……八道河等 10 条河道,加上昂茨河分水闸以上分出的纳林河,东河共由 11 条河流组成。西河河系共有 8 条支汊,自西向东依次为巴拉吉尔敖包河、马特格尔河、乌兰艾立格河、穆林河、赛汉高勒河、哈持台河、聋子河和安都河。

平原区地表水资源主要有河流和湖泊两种形式。额济纳东部和东北部较大的古日乃湖、拐子湖等主要依靠地下水的补给;北部的居延海则主要依靠河水补给,由于近年河水减少,已先后干涸。湖泊在平原分布少,水量也不大,对于水资源的开发利用没有实际意义,但湖泊分布区都是绿洲集中区。黑河是进入本区唯一的河流,由于上中游大量引水,黑河来水量逐渐减少,河道断流时间增长,已成为季节性河流,且进入平原的径流 70% 以上集中在 1 ~ 3 月和 7 ~ 8 月,其他时间河道基本处于干涸状态,已经成为季节性河流。额济纳河河水量除与季节性降水有关外,还受上、中游用水量控制,河水量年内、年际变化很大。如果没有人为调节作用,河水量将处于逐年减少状态。据正义峡水文站资料统计,黑河进入该区的年径流量,在 20 世纪 50 年代为 12.06×10^8 m^3/a,60 年代为 10.65×10^8 m^3/a,70 年代为 10.55×10^8 m^3/a,80 年代为 11.06×10^8 m^3/a,90 年代为 7.56×10^8 m^3/a。在正义峡至额济纳旗境界约 168 km 的流程内,有限的径流量部分被金塔芨芨和鼎新等 4 乡引灌与蓄库之用,实际进入额济纳盆地的年径流量为 6×10^8 ~ 8×10^8 m^3/a。

2.2.3 地下水

额济纳盆地的地下水系统包括碎屑岩类裂隙 - 孔隙水系统、基岩裂隙水系统、第四系单层结构浅层地下水系统和第四系双层或多层承压水系统。

碎屑岩类裂隙 - 孔隙水系统和基岩裂隙水系统,呈条带状分布于盆地周边,总面积约 1 512 km^2。由于其所处的相对位置较高,加之受到补给条件和含水裂隙孔隙发育程度的限制,除盆地内局部地段的岛状碎屑岩类含水系统具备补给条件外,其他的补给条件都较差,一般不具供水意义。

根据第四系地下水系统空间结构，在平面上可划分为单一结构含水层区、双层结构含水层区和多层结构含水层区（见图 2-4）。

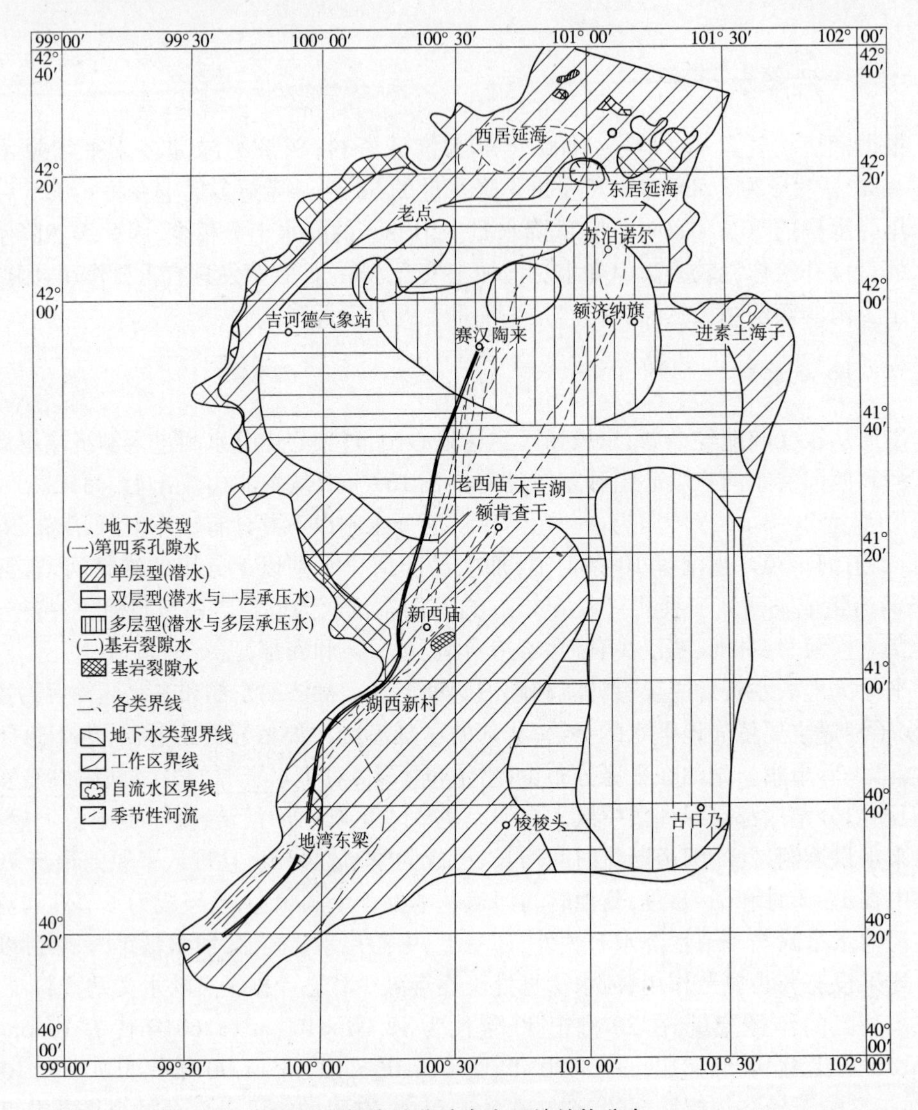

图 2-4　额济纳盆地含水系统结构分布

2.3　额济纳植被及土壤状况

2.3.1　额济纳植被状况

研究区深居大陆腹地，远离海洋，属于极端干旱荒漠区，具有常年多风、夏热冬寒、温差大等特点。地表覆盖稀疏的荒漠植被与严酷的生态环境相适应，植物种类贫乏。本区共记录野生种子植物 49 科 151 属 268 种和变种（见表 2-2）。

表 2-2　额济纳旗植被种类组成统计

科级	科名	属级	属名	含种数
含 30 种以上的科	菊科	含 15 种的有 1 属	蒿属	15
	藜科	含 6～10 种的有 5 属	盐角草属	8
	禾本科		碱蓬属	8
含 10～15 种的科	豆科		藜属	7
	蓼科		柽柳属	7
	莎草科		亚菊属	6
	柽柳科	含 2～5 种的有 51 属	麻黄属	3
含 2～9 种的科有 20 科	毛茛科		木蓼属	3
	蒺藜科		盐爪爪属	4
	眼子菜科		地肤属	5
	其他 17 科	含有 1 种的有 94 属	其他 47 属	108
含 1 种的科有 22 科		总属数:151	单型属有 10 属	94
总科数:49				总种数:268

从植物的生活型组成上看,额济纳绿洲植物物种的生活型组成中,多年生草本占优势,共有 72 种,占额济纳绿洲全部维管植物的 45. 3%。其次是一、二年生草本植物,有 45 种,占 28. 4%;灌木和半灌木各占 12. 6% 和 11. 9%。额济纳绿洲植物物种的生活型组成见表 2-3。

表 2-3　额济纳绿洲植物生活型组成

生活型	种数	百分比(%)	生活型	种数	百分比(%)
乔木	2	1. 26	1～2 年生草本	45	28. 4
灌木	20	12. 6	多年生草本	72	45. 3
半灌木	19	11. 9	半乔木	1	0. 1

从植物水分生态类型看,本地区植物具有从水生到旱生的各种水分生态类型。其中,旱生、强旱生、超旱生植物占优势,共有 83 种,占全部维管植物的 57. 82%;其次,中生植物有 44 种,占 27. 9%;水生植物 1 种,占 0. 63%;湿生和湿中生植物有 8 种,占 5. 1%。额济纳绿洲植物水分生态类型见表 2-4。

从植物地理区划上看,本区植物种属于亚洲荒漠区中的戈壁荒漠植物省的额济纳洲。本洲位于中央戈壁省的最东部,与阿拉善荒漠直接相连,但地理环境比阿拉善地区更为严酷。代表植物以戈壁成分及古地中海成分占优势(潘高娃,2000)。本区植物区系的分布类型包括世界分布、热带—亚热带—温带分布和温带分布 3 个分布类型。世界分布的科占绝对优势(29 科),包括 121 属 219 种,它们在全区广泛分布,许多为本区的优势建群种和流动沙地先锋植物,如木蓼、沙木蓼、沙蓬和短叶假木贼等。在干旱的低山丘陵和广大的戈壁平原,生长着稀疏的耐旱荒漠植被,植物种有红砂、泡泡刺、麻黄、霸王、合头草、短叶假木贼、沙拐枣等;在沿额济纳河两岸、三角洲上与冲积扇的湖盆洼地里生长有荒漠地区特有的荒漠河岸林、灌木林和草甸植被,主要树种有胡杨、沙枣、红柳和梭梭等,草甸植被主要有芦苇、芨芨草、苦豆子、甘草等;在绿洲外围的沙漠分布区,主要以各种沙生灌木和草本为主,如白刺、沙蒿、沙米等。

表 2-4　额济纳绿洲植物水分生态类型

生活型	种数	百分比(%)	生活型	种数	百分比(%)	生活型	种数	百分比(%)
水生	1	0.63	中生	44	27.9	旱生	67	42.1
湿生	7	4.4	中旱生	8	5.03	强旱生	10	11.95
湿中生	1	0.68	旱中生	6	3.77	超旱生	6	3.77

从生态系统的角度看,由于额济纳河流的滋润,孕育了内蒙古西部高原著名的内陆河流生态系统—绿洲生态系统。从景观上看,境内的河流、沼泽、草甸湿地、森林和荒漠等共同构成了额济纳绿洲生态系统的多样性。绿洲生态系统对整个额济纳绿洲的生态环境的稳定平衡起到关键作用,也是保护绿洲物种多样性与遗传多样性的基础。由胡杨、沙枣、红柳和梭梭等纯林和混交林等构成的森林生态系统是额济纳绿洲生态系统最主要的组成部分,也是荒漠绿洲生态系统的关键种。其主要群落类型有胡杨 - 柽柳 - 芦苇 + 杂草类;胡杨 - 白刺 + 黑果枸杞 - 杂草类;沙枣 - 柽柳 - 芦苇 + 杂草类;柽柳 - 杂草类;芦苇 + 杂草类;芨芨草 + 杂草类;小果白刺 + 沙蒿 - 芦苇 + 沙蒿;梭梭林;沙枣林等;荒漠生态系统主要位于额济纳绿洲外缘,它是由荒漠植物群落与戈壁等自然景观组成的。主要植物群落和植物物种有红砂、泡泡刺、麻黄、霸王等;绿洲湿地生态系统主要分布于额济纳河两侧及地下水位较浅的地区,是由河流、湖泊、沼泽和草甸等景观构成的。该系统的主要植物群落为湿生或盐生植物,主要植物群落有芦苇、芨芨草、甘草等。

2.3.2　土壤状况

额济纳天然绿洲内主要的土壤类型为灰棕漠土,广泛分布于全区范围内;林灌草甸土和潮土主要分布在河谷阶地和洼地上;盐土和碱土主要分布在东西居延海以及两湖与湖盆区;石质土主要分布于东、西及南部的剥蚀残丘和残山上;风沙土除巴丹吉林沙漠外,在额济纳河西岸尚有带状分布。

试验点位置及所在点土壤类型见表 2-5。

表 2-5　试验点位置及所在点土壤类型

位置	经度(E)	纬度(N)	土壤名称
林工站棉花地	101°00′17.3″	41°57′54.7″	灌耕土
梭梭苗圃地	101°00′17.8″	41°57′53.2″	灌耕土
二道桥柽柳林	101°03′06.5″	41°58′10.3″	结壳草甸盐土
二道桥胡杨林	101°03′10.5″	41°58′25.2″	流动风沙土
七道桥保护区沙枣林	101°14′12.3″	42°00′54.3″	林灌草甸土
西戈壁杂草地	100°51′43.3″	41°58′29.6″	灰棕漠土

2.4　额济纳绿洲状况及生态问题

2.4.1　绿洲状况

根据额济纳旗资料,20 世纪 90 年代,额济纳绿洲东河、西河沿岸及中戈壁区域植被覆盖度在 10% ~70% 的稳定绿洲面积为 1 286 km^2,覆盖度在 5% ~10% 的退化、沙化绿洲面积为 1 055 km^2,共计 2 341 km^2。其中,东河及其支汊区域稳定绿洲 804 km^2,退化、沙化绿洲 430 km^2;西河及其支汊区域稳定绿洲 482 km^2,退化、沙化绿洲 625 km^2。除两河沿岸及中戈壁区域外,额济纳三角洲内在古日乃等地还有零星绿洲 987 km^2,额济纳绿洲总面积为 3 328 km^2。沿河绿洲分布的特点是,东河区域上段少,下段多,中段几乎空白;西河区域中上段多,下段少。两河及中戈壁区域绿洲分布可大体分为狼心山绿洲区、东河中上部绿洲区、昂茨河绿洲区、西河绿洲区、中戈壁绿洲区。

2.4.1.1　狼心山绿洲区

这是黑河进入额济纳绿洲的第一片植被,该绿洲区长约 31 km(狼心山以上 13 km,以下 18 km),宽 1 ~6 km,面积约 150 km^2。植被主要为胡杨和红柳,长势较好,覆盖度 40% 左右。

2.4.1.2　东河中上部绿洲区

东河中上部绿洲区主要分布在纳林河口至布都格斯河段。绿洲区长约 32 km,宽 1 ~4 km,面积 67.5 km^2,绿洲分布呈断续斑块状,在植被斑块内覆盖度较高,一般可达 60% ~80%,代表植被为胡杨、红柳及苦豆子、甘草;斑块与斑块之间植被稀少。布都格斯以下 50 km 植被分布零星稀疏。

2.4.1.3　昂茨河绿洲区

昂茨河绿洲区主要沿一道河至八道河分布。该绿洲区为额济纳绿洲植被分布最为集中的区域,面积约 645 km^2,植被种类主要有胡杨、红柳以及苦豆子、胖姑娘、顶羽菊等。依据植被的种群、盖度,绿洲可以分为核心区、缓冲区和退化区。绿洲核心区位于一道河至七道河之间,其中一道河和二道河绿洲区位于查于保勒格至敌包图;三道河至七道河绿洲区位于沿河的上中部。主要代表植被为胡杨,红柳次之,草本植被长势良好。植被覆盖度一般可达 70% 左右,在四道河胡杨林保护区的植被覆盖度部分可达 90% 以上,总体上植被保护良好,但由于过度放牧影响了胡杨林的自然更新发育,胡杨树以30年以上树龄的为主,幼树出现断代,同时,河间高地出现零星分布的沙丘。绿洲缓冲区位于一、二道河下段,七道河与八道河之间,以红柳为代表性植被。植被覆盖度一般可达40%~70%,总体上植被保护良好,生长基本正常,出现零星的红柳枯死现象,河间高地的沙丘有增大趋势,且红柳丛中的草本植被基本灭绝。绿洲退化区位于一道河至八道河尾端及绿洲与沙漠、戈壁交会地带,其代表植被为红柳,同时分布有骆驼刺、梭梭等荒漠植被。植被覆盖度10%~30%,植被生长不良,难以抵挡沙漠、戈壁的入侵,绿洲荒漠化发展迅速。

2.4.1.4 西河绿洲区

西河绿洲区是狼心山至杜金陶来约113 km河段连续分布的完整绿洲带。植被带宽度为2~3 km,面积约310 km^2,其代表性植被为红柳,胡杨、沙枣次之。该绿洲区为目前额济纳绿洲主要畜牧区和放牧草场。其代表植被为胡杨,红柳次之。苦豆子、胖姑娘等草本植被生长茂盛。赛汉陶来以下20 km范围内仍存在以胡杨、红柳为主的绿洲带,长势较好,再向下游为植被退化带,其退化程度远远大于东河区绿洲退化带,胡杨死亡,红柳干枯,面临着土地沙漠化的危险。

2.4.1.5 中戈壁绿洲区

中戈壁绿洲区集中分布在四条绿洲带上,分别为纳林河绿洲带、安都河绿洲带、聋子河绿洲带和哈特台河绿洲带。纳林河绿洲带主要分布在纳林河口—大娃乌苏,长约25 km的范围内,绿洲覆盖度总体上较好。大娃乌苏以下为荒漠、戈壁。安都河绿洲带从孟克图分水闸至叩克敖包长约56 km,宽约0.9 km;聋子河绿洲带从西河老西庙开始,止于达赛公路,长约47 km,宽约1.1 km;哈特台河绿洲带,长约70 km,宽约1 km;安都河、聋子河和哈特台河绿洲带植被覆盖度较差,以荒漠草本植被为主,如沙枣、骆驼刺、苦豆子等,零星分布胡杨、红柳、梭梭等。

2.4.2 额济纳绿洲生态环境问题

额济纳河是额济纳绿洲赖以生存的生命之源,没有额济纳河水源源不断的滋润,也就没有额济纳绿洲。近些年来,随着上游来水量的逐年减少,致使额济纳绿洲面临严重的生态环境问题,这些生态环境问题主要表现在以下几个方面。

2.4.2.1 来水量减少,河道断流,湖泊消失

近代以来,随着中上游用水过多而致使下游流量急剧减少。20世纪20~30年代,黑河流入额济纳东、西河水量超过15.0×10^8 m^3;40年代,流入水量近14.0×10^8 m^3;60~70年代,减到10.0×10^8 m^3左右;到80年代,少于10×10^8 m^3;90年代,只剩下3.0×10^8 m^3;2000年以来,每年流入额济纳河的水量已不足2.0×10^8 m^3。河道长年断流,50年代后期,年均断流日数为37.5天;60年代,年均断流日数为43.4天;70年代,年均断流日数为66.4天;80年代,年均断流日数为50.6天;90年代,年均断流日数为89.9天;90年代最为突出,比60年代以前年均断流日数增加了50天左右。河水量减少,河道断流,造成黑河尾闾湖居延海的干涸,大小湖泊竭泽,消失水域面积约2 527 km^2。居延海原为一个很大的湖泊,根据^{14}C(用淡水螺)测年推算,3 000年前居延海的水面面积达800 km^2以上,后因水源减少而分为东居延海(索果诺尔)与西居延海(嘎顺诺尔),它是干旱荒漠地区著

名的“双子湖”。而在1973年的卫星照片上,西居延海已干涸,东居延海水面仅有8 km^2,至1986年也完全干涸,现只在个别特大洪水年份,才有水进入东居延海。居延海的干涸使湖区地下水补给变的更为困难,致使周围地区地下水位持续下降,生态环境恶化。1999年我们到居延海地区考察时,发现湖区周围植被大量死亡,原湖底已经严重沙化,许多地方出现1~2 m高的流动沙丘,湖区原有绿洲已不复存在。

2.4.2.2 **地下水位下降,水质恶化**

由于黑河来水不断减少,地下水补给量减少,造成平原区地下水位普遍下降,水质趋于恶化。20世纪20~50年代,绿洲地下水位一般小于1 m,沿河还有许多小型湖泊和泉水,水质为良好的淡水;60年代以后,地下水位趋于下降。据观测,东河末端的地下水位以每年10 cm的速度迅速下降。与70年代末相比,除部分灌溉草场、农田外,地下水位普遍下降了0.3~1.5 m,平均下降0.75 m,个别地区下降2~3 m。由于黑河来水减少,下游特别是河流尾闾河段,一年中过水时间极少,河流两侧地下水失去补给,水位下降,成为低水位区,形成地下水的逆向流动补给,造成水质恶化。整个平原区地下水矿化度普遍升高,特别是浅层地下水矿化度多升至1 g/L以上。在河流外围,随径流途径增长,地下水逐渐变为3 g/L以上的咸水或盐水。在进素土海子和古日乃湖中心的洼地,地下水矿化度高达50~313 g/L。

2.4.2.3 **植被退化,绿洲萎缩**

由于水资源量减少,地下水位下降,使平原区植被退化,绿洲面积缩小,生态环境恶化。额济纳平原天然植被自20世纪50年代以来开始大量削减,尤其是80年代以后衰减加剧,再没有昔日枝繁叶茂之景象,绝大部分植被草场呈半枯萎状态,距河流较远的戈壁上,植被大面积死亡,呈零星生长状态。据董正钧著《居延海》一书记载,1944年额济纳东西河林区有胡杨林5.0×10^4 hm^2,红柳林21.0×10^4 hm^2,原有的25.0×10^4 hm^2的胡杨、柽柳天然林,已削减63%,25.2×10^4 hm^2梭梭林也减少一半以上,而且现在仍以每年约2 660 hm^2的速度递减。现存的林况均是:老树多,中、幼树少;疏林多,密林少;病腐树多,健壮木少。林下植物种类已由原来的200余种减少到几十种。草场植被大面积退化,退化草场的面积已超过334×10^4 hm^2,占可利用草场的34%以上,草场载畜量也从0.5羊/hm^2下降到0.27羊/hm^2。生物量由1950年的225~300 kg/hm^2降至1990年的不足150 kg/hm^2,植被盖度下降了30%~80%。可食性牧草种类减少,平原上原有牲畜觅食的牧草有130多种,现仅存20~30种。植被的衰败,使额济纳绿洲逐渐萎缩,这一北方地区的重要生态防线已处于崩溃的边缘。

2.4.2.4 **土地荒漠化、土壤盐渍化**

水资源量的减少,区域地下水位下降,直接导致土地旱化,地表植物死亡,加剧沙漠化速度。同时,随着土壤水分状况的恶化,地表植被覆盖度降低,地面蒸发增强,盐分在土壤层中累积,造成大面积的土壤盐渍化。沙漠化土地已遍布全旗,包括现代的河流三角洲地区。据统计,全旗现代沙化土地面积1.56×10^6 hm^2,其中流动沙丘面积约9.53×10^5 hm^2,固定和半固定沙丘面积约6.02×10^4 hm^2;覆沙或砾石的戈壁滩地面积约4.83×10^6 hm^2,沙漠化土地总面积为6.39×10^6 hm^2。沙漠化土地占土地总面积的62.32%,是绿洲面积(耕地、林地、草地与水域面积之和)的1.70倍;流动沙丘(地)面积占沙漠化土地总面积的 14.92%，约占风沙化土地面积的 61.28%；戈壁滩地占沙漠化土地总面积的 75.60%，这些区域成为流域现代沙漠化十分活跃的地区。在东西两河沿岸、东西居延海附近、古日乃湖和拐子湖周围，以及广大退化草场和弃耕的风蚀土地，都处于严重沙漠化和盐渍化状态，沙漠化和盐渍化土地面积迅速扩大。荒漠化土地的扩张，又使这一地区的风沙危害日趋严重。

2.5 试验目的及试验方案

2.5.1 试验目的

本次试验的目的是分析胡杨根系分布特征，建立根系分布与根区土壤水分的对应关系，验证所建立的根系吸水模型，所以首先需选择一定数量的胡杨作为试验样本。然后测定胡杨样本根系数量、根长密度；观测胡杨根区土壤水分特征曲线、非饱和土壤水扩散率、非饱和土壤导水率、土壤含水率、土壤水分常数（饱和含水量、萎蔫含水量和土壤持水量）；同时通过长期观测的数据确定胡杨蒸腾速率、胡杨棵间土壤蒸发速率。

2.5.2 试验方案

2.5.2.1 样本的选择

在额济纳保护林中，选择大容量的样树（200 棵），观测其胸径，判断其是否服从正态分布，得到样树胸径的平均值和方差；以此确定所要选择样树胸径的范围，选择 20 棵胡杨作为试验样本。

2.5.2.2 根长密度的测定

在根系研究中，根长作为最常用的参数，是因为大多数研究人员认为根长密度是估算根系吸收土壤水分和养分最优参数之一，因此根长的测定在根系研究中显得尤为重要。测定根长的方法很多，从最原始的直接测量方法直至最近的计算机测定技术。

选用交叉法求根长。对选定的样本，以树干为中心，沿东—西方向和南—北方向挖十字剖面，取样深度至地表以下 140 cm，水平距离由树干起至 400 cm 处。取样尺寸为水平方向长 20 cm，宽为 10 cm，垂直方向 20 cm 为一层，取样共计 480 份，依次编号标记。然后对每一土样利用土样筛，选取直径小于 2 mm 的根，用清水冲洗、晾干后，利用交叉法求根长 l，当交叉点小于 50 时，采用直接测量法测定根长。再将 l 除以土样体积可得该体积上的根长密度。计算公式为

$$l = \frac{11}{14} \times N \times \gamma, L = \frac{l}{V} \tag{2.1}$$

式中：l 为根长，cm；N 为交叉点个数；γ 为与网格形状有关的常数；L 为根长密度，cm/cm^3；V 为每一土样块体积，cm^3。

2.5.2.3 根系数量的测定

对所选样本先挖一以树干为圆心，径向半径为 2 m，垂直深度为 1.5 m 的坑，以观察主根的大小和走向。然后顺着主根方向继续挖一立方：径向距离至 6 m，垂直深度 1.5 m，

宽 1.5 m。将根按直径分为 0.2 ~ 2 cm、2 ~ 5 cm、5 ~ 8 cm、> 8 cm 四种情形。观测记录不同直径下根的频数和走向。

2.5.2.4 土壤含水率的测定

采用 TRIME - FM 管式 TDR(时域反射仪,德国 IMKO 公司生产)系统测定土壤体积含水率,每隔 5 ~ 10 天测定 1 次。测定深度为 160 cm,分 8 个层次,分别为 0 ~ 20 cm、20 ~ 40 cm、40 ~ 60 cm、60 ~ 80 cm、80 ~ 100 cm、100 ~ 120 cm、120 ~ 140 cm、140 ~ 160 cm。用烘干法测定一次土壤含水量,用于校准 TDR 测定值。具体操作过程为:将土样充分混匀,放入铝盒,重复 3 次。立即称铝盒 + 鲜土重,然后置于 105 ℃下的烘箱内干燥 2 ~ 3 天,再称铝盒 + 干土重,最后以下式计算:土壤含水量(SWC) = 含水重量/烘干土重 × 100%,结果取平均值。此结果为土壤重量含水率,给此值乘以相应的容重,就得到土壤体积含水率。另外,土壤水分探头埋设 8 层,每 20 cm 为一层,自动数据采集器(Zeno3200 - A - D)对以上观测项目每 30 min 记录一次。

2.5.2.5 土壤水分特征曲线的测定

采用 WP4 露点水势仪测定胡杨根区土壤水势,同时测定对应土壤含水率,由此数据通过回归的方法拟合土壤水分特征曲线。

2.5.2.6 非饱和土壤水扩散率的测定

1)试验原理

土壤水扩散率的测定一般采用水平土柱渗吸法。该方法是测定土壤水扩散率的非稳定流方法,最早由 Bruse 和 Klute(1956)提出。该方法是利用一个半无限长水平土柱的吸渗试验资料,结合解析法求得的计算公式,最后计算出扩散率。要求土柱的土壤质地均一,且有均匀的初始含水率,水平土柱进水端维持一个接近饱和的含水率,并使水分在土柱中作水平吸渗运动,忽略重力作用作一维水平流动,其微分方程和定解条件为

$$\begin{cases} \dfrac{\partial \theta}{\partial t} = \dfrac{\partial}{\partial x}\left[D(\theta)\dfrac{\partial \theta}{\partial x}\right] \\ \theta(x,t) = \theta_0 \qquad x > 0, t = 0 \\ \theta(x,t) = \theta_s \qquad x = 0, t > 0 \end{cases} \tag{2.2}$$

式中:t 为时间,min;x 为水平距离,cm;θ 为体积含水率,cm^3/cm^3;θ_0 为初始体积含水率;θ_s 为进水端边界体积含水率(其值接近饱和含水率)。

采用 Boltzmann 变换,将方程(2.2)化为常微分方程求解,得

$$D(\theta) = -\frac{1}{2}\left(\frac{\mathrm{d}\lambda}{\mathrm{d}\theta}\right)\int_{\theta_0}^{\theta}\lambda \mathrm{d}\theta \tag{2.3}$$

式中:λ 为 Boltzmann 变换参数,$\lambda = xt^{-\frac{1}{2}}$;其他符号意义同前。

将式(2.3)改写为差分方程形式得

$$D(\theta) = -\frac{1}{2}\left(\frac{\Delta\lambda}{\Delta\theta}\right)\sum \lambda\Delta\theta \tag{2.4}$$

利用试验测定结果,根据式(2.4),即可算出与 θ 对应的土壤水扩散率 $D(\theta)$ 值。

2)试验方法

在田间挖剖面采取土样,风干并粉碎,过 3 mm 的筛,然后将土样按田间原状土干容

重装入水平土柱中。水平土柱总长 24 cm,内径 5.7 cm,由有机玻璃管制成,分为水室段、滤层段、试样段 3 个部分。滤层段用滤纸代替:试样段由 20 个 1 cm 一段的圆环组成,便于装取土样。测定时,用马氏(Mariotte)瓶供水,以控制进水端水位不变。试验装置如图 2-5 所示。

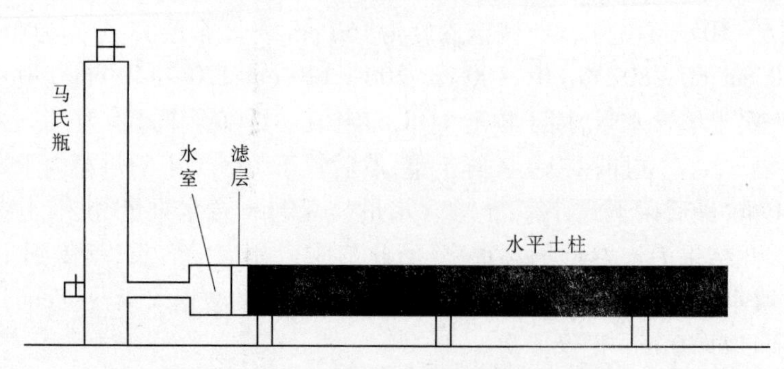

图 2-5　非饱和土壤水扩散率试验装置图

试验过程中,按一定时间间隔记录湿润锋的前进距离。试验终止时,记下试验总历时,并从湿润锋开始,按环取土,测出每个环的土壤含水率,得出土柱的含水率分布。

2.5.2.7　土壤水分常数的确定

1)饱和含水量和萎蔫含水量的测定

饱和含水量:①用环刀采原状土,每层重复 3 次;②将称有原状土的环刀称重,准确至 0.1 g,盖上垫有粗滤纸的底盖,盖有小孔。将环刀放入水中,保持水面与环刀口齐平,但不淹没环刀;③沙土浸泡 4 ~6 h,黏土浸泡 8 ~ 12 h;④取出环刀,用干布将外面擦干,放入已知重量的盛皿中,一起称重,准确至 0.1 g。称毕,将环刀仍放回原处,继续吸水饱和,沙土 2 h,黏性土 4 h,再次称重,反复操作,直到恒重为止;⑤将土烘干,测得含水量,即土壤饱和含水量。

本书根据土壤水分特征曲线试验资料,拟合得到饱和含水率数据。

萎蔫含水量由水分特征曲线外推获得。

2)田间持水量的测定

测定田间持水量的方法主要有田间铁框法、室内原状土柱法和环刀法。本书采用环刀法测定田间持水量。

在田间挖剖面,按土壤层次用环刀分层采取原状土样。同时,另取土样测定土壤含水率。尽快将环刀土样带至室内称重(精度至 0.1 g),根据所测含水率和环刀土样体积,可求出土壤干容重。然后,将环刀土样放在垫有滤纸的培养皿上,再将它们一起放在瓷盘中。瓷盘中注水,水位略低于培养皿,皿上所垫滤纸应浸入水中。由于毛细吸力的作用,经一定时间,沙土 1 天,黏土 3 天,环刀土样充满了毛管支持水。随后,去掉瓷盘中水分,盖上环刀盖防止蒸发,经 2 ~3 天排除重力水后,测其含水量,即得田间持水量。

2.5.2.8　胡杨蒸腾量的测定

胡杨的植株蒸腾量没有现成合适的计算公式,一般通过仪器测定。树木蒸腾量的测定方法一般可分为以下 3 种:

(1)树干液流测定法。这种方法是通过测定树干木质部树液流上升速度和断面面积,由树液的移动量求取树木的蒸腾强度的方法。通常采取的措施是将树液给以标记,然后测定标记物的移动速度。标记的方法通常有热脉冲、热电偶、放射性同位素以及色素等,其中热脉冲和热电偶法是较为方便又较精确的方法。

(2)树叶快速称重法。采用扭力天平,通过迅速测定新鲜树叶的重量损失,以估计树木蒸腾量。此方法存在许多不确定性,因此精度并不高。

(3)大型蒸渗仪法。原则上树木蒸腾量可通过大型蒸渗仪测定,但因仪器设备昂贵、耗时较长等而很少采用。

本试验采用 SF300 型茎流计(热脉冲原理)测定植株蒸腾量。在树干中部东、西两侧各布置一个茎流计探头,探头中心分别距地面 30 cm 和 40 cm。采用数据采集器自动采集、记录数据,每 30 min 记录一次,然后采用专用软件进行数据分析处理。

2.5.2.9 棵间土壤蒸发量的测定

目前,测定棵间蒸发的方法应首推微型蒸渗仪法(Microlysimeter)。

本试验采用微型蒸渗仪测定棵间表土蒸发,每天测定一次,测定时间为每天上午 8:00,采用精度 0.01 g 的电子天平称重。微型蒸渗仪采用直径 75 mm 的 PVC 塑料管制成,长度 200 mm,底部用薄镀锌铁皮封堵,将该微型蒸渗仪放入预埋在田间的预埋管中,顶部与地面平齐。预埋管采用直径 100 mm 的 PVC 塑料管,长度 200 mm。微型蒸渗仪中的土每 3 ~ 5 天更换一次,视具体天气情况而定。

第3章　胡杨运输根系分布特征研究

乔木根系中直径 $d \leqslant 0.2$ cm 的根的主要作用是吸收土壤水分和营养成分，称之为吸水根系；而直径 $d > 0.2$ cm 的根主要作用是运输水分和营养成分，称之为运输根系（郝仲勇、刘洪禄、杨培岭，2000）。所以在分析胡杨根系分布特征时，将根系分为这两部分来研究，且研究内容和方法有所不同。

在自然界中，很多现象诸如流域地形地貌演变，地质灾害的形态特征，土壤土质、粒径分布等都具有非线性的开放的特征，分形理论为研究这些复杂现象提供了新的思路和方法。植物根系是一个典型的分形结构。分形理论及方法为植物形态的定量模拟提供了新的且有力的手段。

本章在额济纳胡杨林地试验的基础之上，首先通过对不同直径根的数量的统计分析，说明胡杨运输根系具有分形结构，并求出每棵样树根系的分形维数；引入土壤含水率期望的概念，求出每棵样树根区土壤的含水率期望，分析胡杨运输根系分布与土壤含水量期望之间的非线性关系；进而研究胡杨根系分布对土壤水分的响应，确定适宜胡杨根系生长的土壤水分区间。

3.1　分形理论在地理学科的应用

3.1.1　分形理论的产生

"分形"（fractal）这个词是由美国 IBM（International Business Machine）公司研究中心物理部研究员暨哈佛大学数学系教授 Benoit B. Mandelbrot 在 1975 年首次提出的，其原意是"不规则的、分数的、支离破碎的"物体，是参考了拉丁文 feactus（弄碎的）造出来的，它既是英文又是法文，既是名词又是形容词。1977 年，他出版了第一本著作《分形：形态，偶然性和维数》（Fractal：Form，Chance and Dimension），标志着分形理论的正式诞生。1982 年，他出版了著名的专著《自然界的分形几何学》（The Fractal Geometry of Nature），至此，分形理论初步形成。目前，分形是非线性科学中的一个前沿课题，在不同的文献中，分形被赋予不同的名称，如"分形维集合"、"豪斯道夫测度集合"、"非规整集合"以及"具有精细结构集合"等等。一般地，可把分形看做大小碎片聚集的状态，是没有特征长度的图形和结构以及现象的总称。由于在许多学科中的迅速发展，分形已成为一门描述自然界中许多不规则事物的学科。

长期以来，自然科学工作者，尤其是物理学家和数学家，由于受欧几里德几何学及纯数学方法的影响，习惯于对复杂的研究对象进行简化和抽象，建立起各种理想模型（绝大多数是线性模型），把问题纳入可以解决的范畴。对这种逻辑思维方法，我们都已习以为常。这种线性的近似处理方法很有效，在许多学科中得到了广泛的应用，解决了许多理论问题和实际问题,取得了丰硕的成果,推动了各门学科的发展。但是在复杂的动力学系统中,简单的线性近似方法不可能认识与非线性有关的特性。而分形则是直接从非线性复杂系统的本身入手,从未经简化和抽象的研究对象本身去认识其内在的规律性,这一点就是分形理论与线性近似处理方法本质上的区别。

非线性的实质是事物之间的相互作用,非线性的基本特点是产生多样性和多尺度性。分形只能在非线性系统中产生。分形概念告诉我们,在多尺度系统中,物理量是随尺度而变化的,关键的问题是寻找该系统随尺度变化而不变的量。其中分形维数(fractal dimension)就是这种不变量。

3.1.2 分形的基本性质

欧几里德维数是空间的坐标数,或为确定空间内的一个点所需的实际参数的最少个数,它们均为整数。非欧几何的诞生将维数推广到了非整数中。自然界千姿百态的复杂现象,很少顺从欧几里德几何学。比如,云不是球体,山不是锥体,闪电的展开也不是一条直线,雪花的边缘曲线不是圆,宇宙中的点点繁星所构成的集合亦非欧几里德几何学所能描述。对自然界这些常见的、变幻莫测的、不稳定的、非常不规则的现象,欧几里德几何学只能把它们视为一些"不成形的"(formless)或是"支离破碎的"(fragmentary)图形、"病态结构"(pathological structure)。Mandelbrot 里程碑式的工作为分形理论解释自然界中广泛存在的纷繁复杂的"病态结构"架起了一座桥梁,从而使分形理论得到广泛认同和飞速发展,同时掀起了分形理论研究与应用的热潮。目前,分形理论不但被广泛用于自然科学的各个领域,而且在社会科学领域中也发现了很多的接合点。其自身也从最初只用于描述实际物体的几何空间结构,发展到描述时间、信息及功能等任何存在幂律关系的抽象结构之中(Mandelbrot,1977,1982;Hutchinson,1981;Feder,1988;Barnsley,1988)。

简单来说,分形是指"其局部结构放大后以某种方式与整体相似的形体"(Mandelbrot,1986),或者更数学化一些,分形是"其 Hausdorff 维数大于拓扑维数的集合"(Mandelbrot,1982)。

不过一些学者认为以上两种定义都存在缺陷,而精确定义分形又是困难的,而且那么做几乎总要排除一些是分形的情形。因此,对分形的界定一般采用列举性质的做法,而不要试图给出精确定义。一般认为分形具有以下典型性质:

(1)具有精细结构,即有任意小比例的细节;

(2)不规则,以致它的整体和局部都不能用传统的几何语言来描述;

(3)通常具有自相似的形式,可能是近似的或统计的自相似;

(4)一般地,分形维数(以某种方式定义)大于它的拓扑维数;

(5)在大多数令人感兴趣的情形下,以非常简单的方式定义,可能由迭代产生。

另外一个更为简化的分形定义是由维数意义出发,即某一物体如果存在 $Q \propto L^D$ 的所谓幂律关系(power law),其中 Q 为描述物体特征的一个参量,L 为尺度,它可以是长度、面积或者体积等,则所得 D 值为该物体的分形维数,进而该物体为分形体(Barnsley,1988)。

无论如何,分形理论研究的是一类破碎的和不规则的(irregular)几何结构,对于它们无法采用传统的欧氏几何进行准确描述,而分形维数才是描述它们的有力工具。分形体具有两个明显的特征，一是分形维数(fractal dimension)为分数；二是存在自相似性(self－similarity)(或自仿射性(self－affinity)，标度不变性或称对尺度的非依赖性)。这些特征是分形理论与经典欧氏几何的主要区别所在(见表3-1)。

表3-1 分形几何与传统欧氏几何的差异

项目	欧氏几何	分形几何	备注
描述的对象	简单、规则几何体	复杂、不规则自然几何体和自然现象	研究对象
层次性、自相似性	常无(可微，可导，连续，光滑，规整)	有(不连续，不可导，不规则，粗糙，不光滑，曲折)	自相似性
特征长度	有(用特征尺度或比例)	无特征长度(存在标度区间)	特征尺度
表达方式	用数学公式及复合函数	迭代语言，分维	
维数	0及正整数	一般是分数	分形维数
局部结构性	有限	无穷	

典型的分形，如Koch雪花(见图3-1)和Sierpinski海绵(见图3-2)等。其中Koch雪花的分维是1.261 8，Sierpinski海绵的分维是2.72，都是非整数。

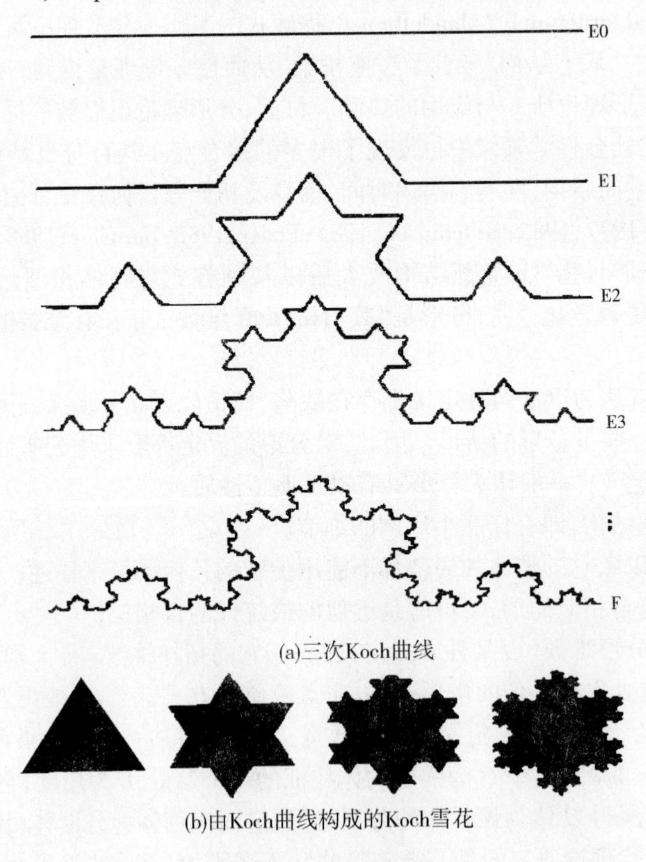

图3-1 Koch雪花

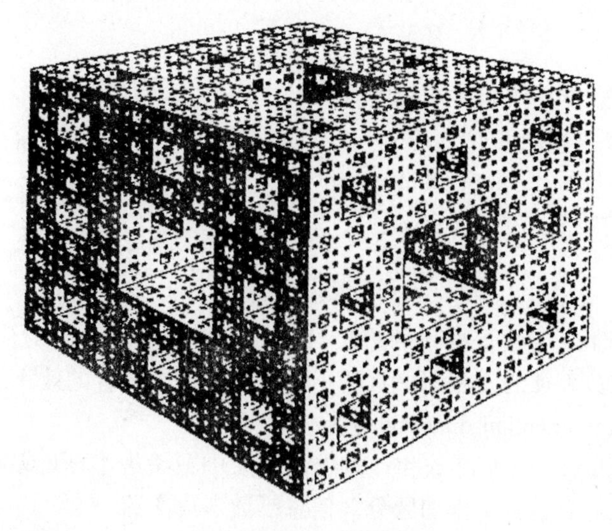

图 3-2　Sierpinski 海绵

组成分形的 3 要素是形状(form)、几率(chance)与维数(dimension)。几何分形是确定性的(deterministic),而随机分形是随机的(random),是接近的或是统计意义上的自相似性。随机分形大量地存在于自然界中。

表 3-2　几何分形与随机分形的区别

项目	几何分形	随机分形
自相似性	部分与整体具有严格的自相似性;不规则曲线的外形特征在尺度变换过程中重复出现,且尺度不断缩小,长度无限增加,满足尺度不变性(scale - invariant)	自然界的复杂现象是建立在统计基础上的随机因子所产生的自我类似(self - affine)的基础上,仍会受到尺度变换的影响
图形	图形曲线满足连续而不可微(non - differentiable);在拐点微分不存在	自类似性的分形与对象表面起伏的频率有关,可看做是几何分形叠加布朗运动

3.1.3　分形维数的测定

对于分形体复杂结构进行刻画的主要工具是分形维数。维数的定义有很多种,往往只存在细微差别。大致可分两类:一是从纯粹几何学的要求导出的;另一类是和信息论相关的,对一个概率分布规定一个信息维数,完全脱离了纯粹几何的考虑。

(1)自相似维数(similarity dimension)。

一般地,一个集合由 m 个与它相似比为 r 的部分组成,则

$$D_s = -\frac{\lg m}{\lg r} \tag{3.1}$$

式中:D_s 为自相似维数,它只对一小部分严格自相似的集合成立。

(2)Hausdorff - Besicovitch(豪斯道夫 - 贝斯科维奇)维数。

设 A 是 n 维欧式空间的一个子集。s 为非负实数,定义

$$H_s\delta(A) = \inf\sum |U_i|s \tag{3.2}$$

式中：$\sum U_i \subset A|U_i|$表示集合 U_i 的直径，$|U_i| \geq \delta$；inf 表示所有满足上述条件的和，式中取下确界（即表示最经济的取法）。令 $\delta \to 0$，其极限值 $H_s(A)$ 称为集合 A 的 s 维测度。

（3）计盒维数（box - counting dimension）。

这个公式也是由格子覆盖来定义的。

$$D_b = -\lim_{\varepsilon \to 0} \frac{\lg(N(\varepsilon))}{\lg(\varepsilon)} \tag{3.3}$$

式中：D_b 为计盒维数；ε 为覆盖格子的边长（即划分尺度）；$N(\varepsilon)$ 为对应划分尺度 ε 的非空格子数。计盒维数表征的是相同形状的小集合覆盖一个集合的效率。

（4）信息维数（information dimension）。

在 Hausdorff - Besicovitch 维数和计盒维数定义中只考虑小球（或格子）的个数，而对于每个球中所覆盖的点数多少未加区分。信息维数考虑了这一点

$$D_I = -\lim_{\varepsilon \to 0} \frac{I(\varepsilon)}{\ln(\varepsilon)} \tag{3.4}$$

式中：D_I 为信息维数；$I(\varepsilon) = \sum P_i \ln P_i$ 是尺度为 ε 时的 Shannon 信息量，其中 P_i 为落在第 i 个格子中的概率，ε 为划分尺度（格子边长）。当 $P_i = 1/N$ 时，有 $D_I = D_H$，可见信息维数是 Hausdorff - Besicovitch 维数和计盒维数的一个推广。信息维数反映出一个系统的不确定性，或者结构的复杂程度。

（5）关联维数（correlation dimension）。

对于一个点集，若把距离小于 ε 的点的对数 $Ni(\varepsilon)$ 在所有对数 $N(\varepsilon)$ 中所占的比例记为 $C(\varepsilon)$，即 $C(\varepsilon) = Ni(\varepsilon)/N(\varepsilon)$，则

$$D_C = -\lim_{\varepsilon \to 0} \frac{\lg(C(\varepsilon))}{\lg(\varepsilon)} \tag{3.5}$$

式中：D_C 为关联维数。

（6）多重分形测度（multi - fractal measurement）。

多重分形测度是上述各种维数的推广，用以描述非均匀分布物体分形维数的测度指标体系。对于非均匀分布分形体，考虑其 q 阶矩 $\sum P_i^q$，为此，引入表征非均匀结构的普遍化 Renyi 信息 I_q

$$I_q = \frac{1}{1-q} \lg \sum_{i=1}^{N} P_i^q \tag{3.6}$$

与信息维数 D_I 的定义类似，广义信息维数 D_q 定义为

$$D_q = \frac{I_q}{\lg(1/r)} = \frac{1}{1-q} \frac{\lg(\sum P_i^q)}{\lg(1/r)} \tag{3.7}$$

该定义显然包含了 Hausdorff - Besicovitch 维数 D_H 和信息维数 D_I

$$D_q = \begin{cases} D_H & q = 0 \\ D_I & q = 1 \end{cases} \tag{3.8}$$

若 $\tau(q)$ 为 q 阶矩的标度指数，则

$$\tau(q) = -\frac{\lg \sum P_i^q}{\lg\left(\frac{1}{r}\right)} \tag{3.9}$$

可见 $\tau(q)$ 与 D_q 存在如下关系

$$D_q = \frac{\tau(q)}{q-1} \tag{3.10}$$

自然界中没有真正的分形体。数学上的分形集,其自相似特征在所有尺度上总是存在的,而实际物体的自相似性一般是近似或统计的,或者自相似特征只存在于一定范围。针对实际物体的不同特点,估测其分形维数的方法大致有以下几种:

(1)相似比法。根据实际物体在各个尺度上的结构,测得其相似关系,以求算其分形维数(Mandelbrot,1982)。这种方法只对具有明显自相似性的物体适用。

(2)粗视化方法。通过对实际物体改变尺度进行格栅化(格子可以是一维、二维和三维的)寻找幂律关系,以求算其分形维数(Mandelbrot,1982)。这是目前最常用的一种计算分形维数的方法。

(3)面积/周长法。根据公式 $P^{1/D} \propto S^{1/2}$,求算图斑周长的分形维数(Mandelbrot,1982)。本法适用于计算景观斑块边界的分形维数(Lovejoy,1982)。

(4)表面积/体积法。根据公式 $S^{1/D} \propto V^{1/3}$,求算实际物体表面的分形维数(Mandelbrot,1982)。此法可用于求算树冠的分形维数(Zeide,1991)。

(5)半方差(semi - variance)法。根据 Weierstrass - Mandelbrot 函数,基于半方差函数 $r(h)$ 与尺度的关系 $r(h) \propto h^{4-2D}$,计算分形维数(Fedder,1988)。此法可用于刻画景观或植被的空间异质性特征(Burrough,1986;Palmer,1988;祖元刚等,1997)。

(6)相关函数(correlation function)法。即关联维数的计算方法。

(7)功率谱(power spectrum)法。依据功率谱 $P(\omega)$ 与频率 ω 的关系 $P(\omega) \propto \omega^{2D-5}$,计算分形维数(Voss,1988)。

(8)变程和标准差分形(range and standard deviation analysis)法。根据变程 R 和标准差 S 之比与尺度的关系 $R(x)/S(x) \propto X^{2-D}$,计算分形维数(Burrough,1986)。

3.1.4 分形理论在地理学科的应用

分形理论是一个活跃且前景广阔的新兴学科领域,为人类探索自然带来了新角度、新思想和新工具。它揭示了部分与整体之间的内在联系,架起了从部分到整体的桥梁,说明了部分与整体之间的信息“同构”(李后强,1993)。分形理论的优越性和普适性使得人们能够从局部认知整体,从有限中认知无限,从不规则中认知规则,从混沌中认知有序,因而它必将对科学与文化的进步产生积极而深远的影响。

分形理论的产生,最初源于 Mandelbrot 对自然界大量而长期的观察、思考,它产生的过程,是通过在地学中的逐步应用而逐渐成熟的过程。分形理论的产生,使得现代科学可以超越传统科学的束缚而对自然界中复杂事物的描述变得轻松自如。这一方面极大地促进了分形理论本身的发展,另一方面也加深了对地理现象的认识,并引出了新的有待解决的问题,进而推动了地学的纵深发展和逐步完善。

大量相关研究已经揭示出了众多地理现象的分形性质。在地貌学领域，运用分形理论研究了地表面的起伏，例如山地的起伏形态，以及它们产生、发展、分布的规律等，已经形成了分形地貌学（fractal geomorphology）这一地貌学新的分支，它不仅以分形理论为基础对地表面（特别是山地表面）的形态进行了描述，而且还进而以分维为中介参数建立山地起伏等地貌现象与其内部机制之间的联系，用以探讨分形布朗地貌的演化规律，认为分维可以成为描述地面粗糙度的良好指标。分形地貌学除研究地表的起伏外，还大量探讨了山系、断层系的空间展布以及喀斯特洼地、峡谷高边坡的稳定性、地表水系、地下渗流、海岸线、湖泊、湖岸线等的分形性质。同时，运用分形布朗运动随机分形生成逼真景物的方法，借助于分维，可用以产生各种各样的自然景观。自然界中的山地起伏、山脉的形状以及海岸线、湖岸线、河流等都被形象而逼真地模拟了出来。在灾害学领域，滑坡、泥石流等山地灾害的发生、旱涝灾害的发生、地震的发生、灾害性海潮的发生、历代灾害造成的伤亡人数、受灾地区的分布及面积大小、灾害造成的经济损失等都被揭示出是具有分形性质的。

在人文地学领域，分形理论也同样取得了一定的应用。用分形理论已经探讨了类似于海岸线的城市边界线的分形特征，探讨了城市等级体系和城市规模分布的分形特征；另外，城市道路网的分布、城市商业网点的布局、城市人口的分布以及城镇土地利用类型的空间展布等，它们的分形性质也都被相关研究所揭示和证明。除此而外，分形理论还在沙漠定量化研究、长江水系沉积物重金属含量空间分布特征、旅游景观的设计布局以及与地理位置有关的金矿矿位、油田井位的位置和储量的确定等方面也做出了实际性的探索和应用。

总之，分形理论在地学中的大量应用已经揭示出了众多地理现象的分形性质，结合已有知识，它把对客观世界的认识向前推进了很大的距离。

3.2 胡杨运输根系的分布特征

3.2.1 试验样本的选取

由于根系的分布与树本身的特征（如树的分布密度、树龄等）、土壤的物理性质、土壤水含量和地下水等诸多因素有密切的关系。本试验旨在探讨根系分布与土壤含水量之间的关系，所以在样本的选择上，尽可能让其他影响因素保持一致。首先，在额济纳二道桥胡杨林自然保护区中独立随机选取中龄胡杨 200 棵，测其胸径，得到胡杨的平均胸径为 12.65 cm，均方差为 2.2 cm（见图 3-3）。

然后，在其中独立随机选取 20 棵的胡杨作为试验的样本：样本周围（以样本树干为圆心，半径 6 m 以内）无其他胡杨，胸径在 10 ~ 16 cm，土壤基本为沙壤土。同时，为使土壤水分含量的变化比较明显，这 20 棵样树在距河岸 50 m 至 500 m 的垂直距离上随机、独立地选取。

3.2.2　研究内容和结果

对20棵胡杨样树,每棵先挖一个以树干为圆心,水平径向半径为2 m,垂直深度为1.5 m的坑,以观察主根的大小和走向。然后顺着主根方向继续挖一立方:径向距离至6 m,垂直深度1.5 m,宽1.5 m。将根按直径分为0.2 ~2 cm、2 ~5 cm、5 ~8 cm、>8 cm四种情形。观测记录不同直径下根的频数和走向(见表3-3)。采用土样烘箱烘干法测定根系土壤含水率。由于胡杨根系垂向主要分布在20 ~100 cm,所以测定深度确定为120 cm,测点垂向间距为20 cm;水平方向沿主根方向各布置5个测点,距树干的距离分别为100 cm、200 cm、300 cm、400 cm和500 cm(见图3-4)。

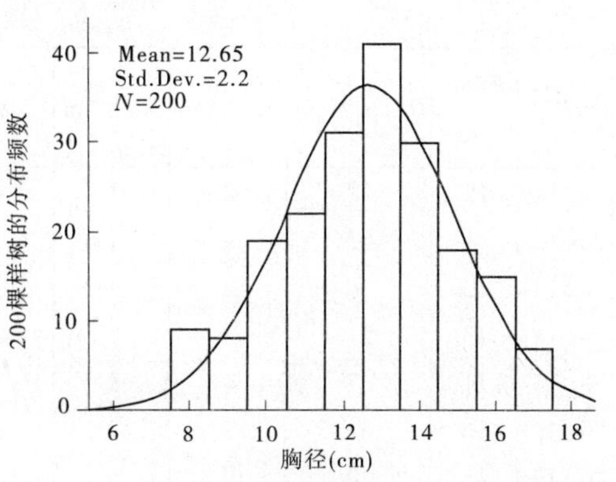

图3-3　胡杨样树不同胸径下的分布频数图

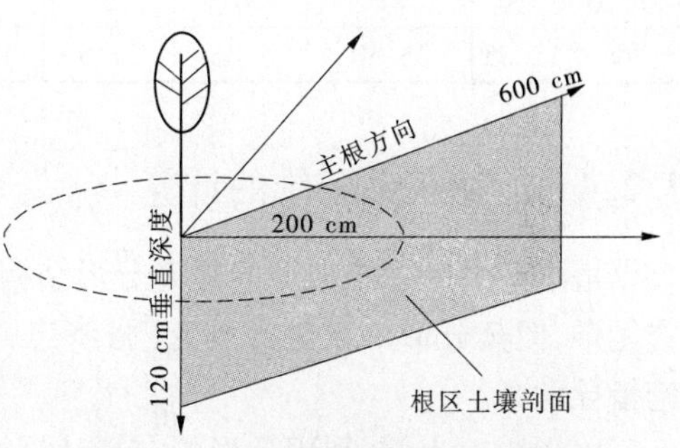

图3-4　胡杨运输根系挖掘示意图

3.2.3　运输根系分布的总体特征

胡杨具有庞大的根系,但粗大根(直径在5 cm以上)很少(见表3-3),仅占总根数的6.01%。侧根发达,在垂向20 ~120 cm深的土层内向四周延伸,但粗大根系主要沿河道方向延伸。

表3-3　样树不同直径根的分布频数

样树号	胸径(cm)	0.2 ~2 cm	2 ~5 cm	5 ~8 cm	>8 cm	总根数	不同直径的根系所占百分比(%)			
							0.2 ~2 cm	2 ~5 cm	5 ~8 cm	>8 cm
No. 1	16	74	16	5	3	98	75.51	16.33	5.10	3.06
No. 2	16	63	7	2	2	74	85.14	9.46	2.70	2.70
No. 3	10	10	4	1	0	15	66.67	26.67	6.67	0.00
No. 4	13	36	4	2	0	42	85.71	9.52	4.76	0.00
No. 5	10	33	2	1	0	36	91.67	5.56	2.78	0.00
No. 6	11	40	12	3	1	56	71.43	21.43	5.36	1.79
No. 7	12	86	8	2	1	97	88.66	8.25	2.06	1.03
No. 8	13	27	6	1	0	34	79.41	17.65	2.94	0.00
No. 9	12	9	3	2	0	14	64.29	21.43	14.29	0.00
No. 10	12	76	7	2	0	85	89.41	8.24	2.35	0.00

续表 3-3

样树号	胸径(cm)	0.2～2 cm	2～5 cm	5～8 cm	>8 cm	总根数	不同直径的根系所占百分比(%)			
							0.2～2 cm	2～5 cm	5～8 cm	>8 cm
No. 11	12	42	2	1	0	45	93.33	4.44	2.22	0.00
No. 12	11	62	2	1	1	66	93.94	3.03	1.52	1.52
No. 13	13	9	2	1	1	13	69.23	15.38	7.69	7.69
No. 14	13	21	2	1	1	25	84.00	8.00	4.00	4.00
No. 15	11	37	4	2	1	44	84.09	9.09	4.55	2.27
No. 16	16	68	5	2	2	77	88.31	6.49	2.60	2.60
No. 17	15	40	9	5	3	57	70.18	15.79	8.77	5.26
No. 18	13	34	7	4	2	47	72.34	14.89	8.51	4.26
No. 19	15	82	9	3	1	95	86.32	9.47	3.16	1.05
No. 20	13	61	6	2	0	69	88.41	8.70	2.90	0.00
平均	12.85	45.50	5.85	2.15	0.95	54.45	81.40	11.99	4.75	1.86

3.2.4 运输根系分维的计算

植物根系是一个典型的具有分形结构的系统。具有分形特征的系统,其外部表现形式复杂,但其分形维数保持不变(张济忠,1995)。所以分形理论对研究植物根系具有理论指导意义。

以样树 1 为例,利用分形的定义计算根系的分形维数 D。

样树 1 不同直径根的累积频数见表 3-4。

表 3-4 样树 1 不同直径根的累积频数

根的直径 d(cm)	>0.2	>2	>5	>8
根的频数 n	98	24	8	3

由此可得 d 与 n 之间的关系(见图 3-5):

$$\ln n = -1.6004 \ln d + 4.4885 \quad R^2 = 0.9879 \tag{3.11}$$

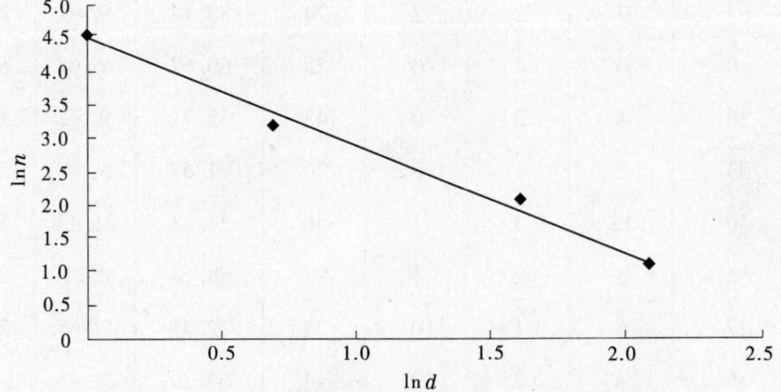

图 3-5 运输根系直径与分布频数之间的关系(样树 1)

由分形维数的定义得:样树 1 根的分形维数为 1. 600 4。运用同样方法计算其他样树根系的分形维数见表 3-5。

表 3-5　样树根系的分形维数 D

样树	1	2	3	4	5	6	7	8	9	10
D	1. 600 4	1. 651 9	1. 516 4	1. 597 4	1. 602 5	1. 772 1	2. 086 1	1. 686 5	1. 4195	2. 020 5
样树	11	12	13	14	15	16	17	18	19	20
D	1. 777 5	1. 846 9	1. 554 2	1. 437	1. 682 1	1. 637 6	1. 386 4	1. 405 8	2. 046 2	2. 050 6

3. 3　根区土壤水分分布特征

3. 3. 1　根区土壤水分总体分布

20棵样树根区土壤水分的情况各不相同,有些差异很大(见图3-6)。为了定量分析

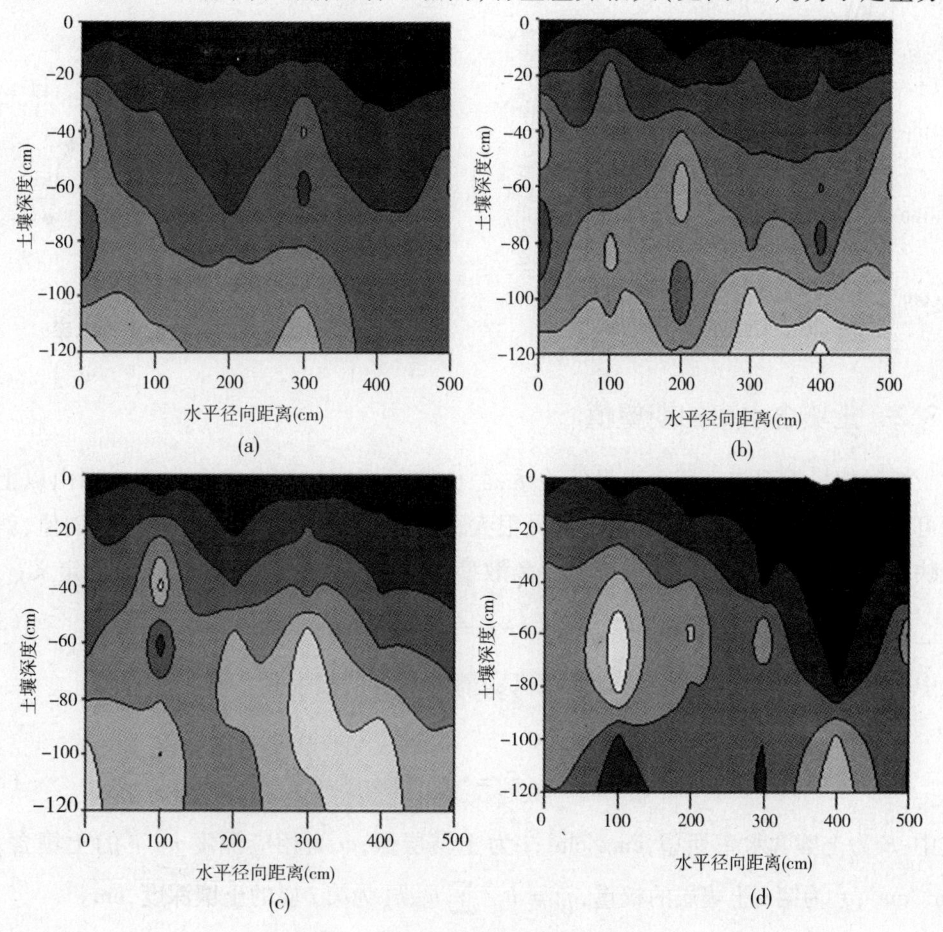

图 3-6　不同样本的土壤含水率

根区土壤水分的分布特征，首先将土壤含水率进行平均处理，得到一维垂向分布特征，但其分布依然有很大的差异(见图3-7)；所以对20棵胡杨样本整体上求平均值(见图3-8)。则可以看出试验地土壤含水率的总的特点：0~20 cm的土层基本为干沙层，土壤含水率最低，一般为1.5%；土壤剖面的20~120 cm土层内，随着土壤深度的增加，土壤含水率逐渐增大，但变化平缓，含水率只是由1.5%上升到20%左右。

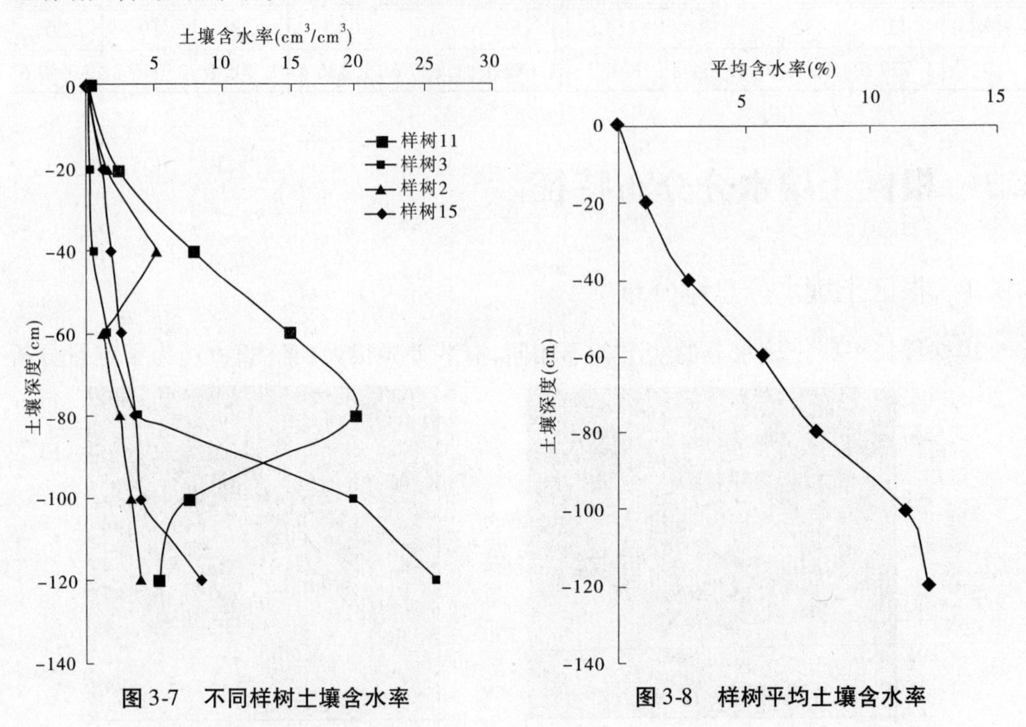

图3-7　不同样树土壤含水率　　　图3-8　样树平均土壤含水率

3.3.2　土壤含水率的期望值

探讨胡杨根系与土壤含水量的关系，需比较每棵样树的土壤含水率。而由以上的分析可知，在土壤的不同深度含水率差异很大，如果只求不同深度含水率的平均值，就不能反映出这种差异，为此，类似概率论中离散型随机变量X的数学期望$E(x)$的定义：

$$E(x) = \sum_i x_i p_i \tag{3.12}$$

式中：x_i为随机变量的取值点；p_i为随机变量在x_i处的概率。

引入土壤含水率期望E

$$E = \sum_i c_i q_i \tag{3.13}$$

式中：E为土壤含水率期望，cm^3/cm^3；i为土壤层数；c_i为相应深度h_i下的土壤含水率，cm^3/cm^3；q_i为第i土壤层的权重，$q_i = h_i / \sum h_i$；h_i为第i层的土壤深度，cm。

由于在E的计算中，每层的权重q_i被引入，故E可以反映出含水率在不同深度上的差异性。由此计算每棵样树的土壤含水率期望E(见表3-6)：

表 3-6　样树土壤含水率期望 E　（单位：cm^3/cm^3）

样树号	1	2	3	4	5	6	7	8	9	10
E	0.303 3	0.048 8	0.285 5	0.293 4	0.232 9	0.252 7	0.126	0.271 9	0.282 6	0.160 1
样树号	11	12	13	14	15	16	17	18	19	20
E	0.209 1	0.065 2	0.230 6	0.318 8	0.052 8	0.096 5	0.286 6	0.306 5	0.077 5	0.152 1

3.4　运输根系与土壤水分的关系研究

3.4.1　根系分维与土壤含水率期望的关系

以上计算，得到了每棵样树的根系分维值 D（见表 3-5）和对应的土壤含水率期望值 E（见表 3-6），由此可得根系分维与土壤含水率期望的关系（见图 3-9）：

$$D = 208.55E^3 - 133.31E^2 + 23.428E + 0.8258 \quad R^2 = 0.85 \tag{3.14}$$

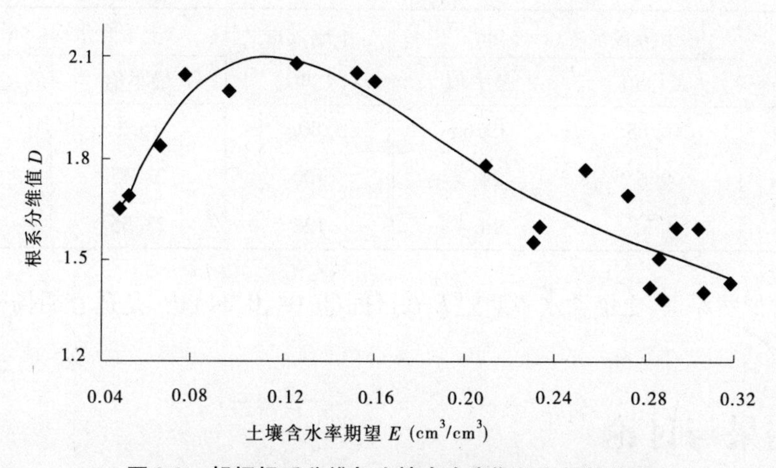

图 3-9　胡杨根系分维与土壤含水率期望之间的关系

3.4.2　适宜胡杨根系生长的土壤水分区间

在概率统计理论中，有这样一个重要的原理——最大似然原理：在现实中发生的事件往往是概率最大的那个事件。同时我们知道，任何随机事件发生的概率小于或等于 1；如果发生的概率等于 1，则此事件称为必然事件，那也就失去了计算概率的意义；所以某个事件的概率越接近 1，则越容易发生。

为了计算适宜胡杨根系生长的土壤水分的区间，首先需要将上面得到的根系分维与土壤含水率期望的关系式进行归一化处理。

通过对额济纳胡杨林地土壤含水率多年的观测记录进行分析(见表3-7),得到根系分维与土壤含水率期望的关系式中土壤含水率期望的最大值与最小值,即土壤含水率期望的范围为

$$E_{\min} = 0.034\,4\ \mathrm{cm^3/cm^3}, E_{\max} = 0.382\ \mathrm{cm^3/cm^3}$$

令

$$f^*(E) = \frac{f(E)}{\int_{0.034\,4}^{0.382} f(E)\,\mathrm{d}E} \tag{3.15}$$

式中:$f(E)$是根系分维与土壤含水率期望的关系式(3.14),即

$$f(E) = D = 208.55E^3 - 133.31E^2 + 23.428E + 0.825\,8 \tag{3.16}$$

那么可以认为

$$\int_{11}^{122.25} f^*(E)\,\mathrm{d}E = 1 \tag{3.17}$$

利用数学软件 Maple9.5 计算,得

$$P\{0.04 < E < 0.34\} = \int_{0.04}^{0.34} f^*(E)\,\mathrm{d}E = 0.90 \tag{3.18}$$

式中:P 为概率。

表3-7　胡杨林地土壤含水率多年观测统计

土壤深度(cm)	土壤含水率($\mathrm{cm^3/cm^3}$)		土壤深度(cm)	土壤含水率($\mathrm{cm^3/cm^3}$)	
	最小值	最大值		最小值	最大值
20	10.65	19.65	80	15.3	24.0
40	9.6	21.3	100	21.45	26.7
60	4.35	14.4	120	23.55	46.05

由最大似然原理,土壤含水率期望 E 在区间(0.04,0.34)内,是适宜胡杨根系生长的区间。

3.5　结果与讨论

(1)讨论胡杨根系分布对土壤水分的响应,必须是对一个区域内整片胡杨而言。因为胡杨根系土壤水分的情况几乎时时在变,而根系分布的变化则相对缓慢,且具有滞后的特点,讨论一棵胡杨根系分布与土壤水分的关系是没有意义的,因此试验样本的选取是否具有代表性直接决定着试验的成功与否。由于胡杨主要靠根蘖繁殖更新(王世绩,1995),在天然胡杨林地,幼龄胡杨的根系分布与母树根系的分布有密切的关系;而老龄胡杨的根系分布基本趋于稳定,所以在本次试验中选取中龄胡杨为研究对象。首先独立随机地选样200棵中龄胡杨作为大样本以确定整个胡杨林胸径的均值与方差;再在均值与方差所确定的概率最高的范围内独立随机地选定了20棵胡杨作为样本。应该说样本具有代表性。而且,这20棵胡杨除根系土壤水分情况有明显差异外,其他影响根系分布

的因素基本保持不变,这样得到的结果则更具科学性。每年的6、7月份既是胡杨生长的旺期,也是黑河上游分水的间歇期,土壤水分状况相对稳定,将试验选在这个时段是比较合理的。同时,这也限定了本书的研究结果是针对处在生长季节的极端干旱区中龄胡杨的。

(2)胡杨根系分布的表现形式复杂,各不相同,但每棵胡杨根系的分维值不变;每棵胡杨根区土壤含水率也各不相同,而且各层差异极大,所以引入土壤含水率期望的概念来量化根区土壤含水率。在此基础上建立了根系分维与根区土壤含水量期望的关系。结果表明,根系土壤水分的变化对胡杨根系分布有直接影响;根系分布的分维与土壤含水率期望之间并不是简单的线性关系。在土壤含水率期望小于0.124 cm^3/cm^3 时,根系分布的分维随土壤含水率均值的增加而增大;土壤含水率期望大于0.124 cm^3/cm^3 时,根系分布的分维随土壤含水率均值的增加而减小。一般认为根系越发达分形维数越高;相对小的分形维数,反映出根系的分生能力相对较弱。这说明在土壤水分含量低的前提下,胡杨根系的分生能力随含水量的增加而提高;在土壤水分含量高的前提下,胡杨根系的分生能力反而随含水量的增加而降低。这一点恰好反映出胡杨作为极端干旱区乔木的特点:土壤水分在一定范围内,适宜胡杨生长,超出这一范围(无论土壤含水率大或小),胡杨的生长都将受到威胁。利用概率统计的基本原理和方法,对含水率期望值 E 与根系分维值 D 之间的函数关系式进行分析计算可得:含水率期望值在0.04~0.34 cm^3/cm^3 的范围,是适宜胡杨根系生长的范围。

(3)在分形理论中,测度的选择是一个相当重要的问题,须力求反映出无标度区的规律性(张济忠,1995)。在本次试验中,我们将胡杨根系按不同直径划分为0.2~2 cm、2~5 cm、5~8 cm、>8 cm四种情形。测度选择的不同,会导致结果的不同。我们未进行其他划分及相应的分析。另外,基础数据的取样和统计过程的不同,以及选择研究的地域不同,对研究结果差异的影响具体有多大,由于资料的限制,本章未能继续深入研究。这些都是值得探讨的问题。

(4)定量植物根系分布特征是构建根系吸水及运移模型、计算根系吸水量不可缺少的手段和环节。国内外学者已做了相当多的研究,研究主要集中在大田作物,对于树木、干旱荒漠区植物根系的研究起步较晚。20世纪90年代以后,逐步有学者在这方面进行了深入研究(G. Katul,P. Todd等,S. Green和B. Clothier,J. A. Vrugt等,G. Vercamber等)。但与树木和干旱区其他植物根系的研究相比,还不够深入。本章引入了土壤含水率期望的概念,利用分形和概率统计的方法对胡杨根系的分布特征进行了深入的分析,建立了根系分维与土壤水分之间的函数关系,并求出了适合胡杨生长的土壤水分的范围,这为全面认识胡杨根系、根系吸水及胡杨SPAC系统提供了有力的试验依据、新的思路和理论支持。

3.6 本章小结

(1)胡杨根区土壤含水率的总的特点为:0~20 cm的土层基本为干沙层,土壤含水率最低,一般为1.5%;土壤剖面的20~120 cm土层内,随着土壤深度的增加,土壤含水率逐渐增大,但变化平缓,含水率只是由1.5%逐渐上升到20%左右。

(2)通过对20棵样树不同直径的运输根系数量的统计分析,验证了胡杨运输根系具有统计自相似性,即具有分形结构。

(3)根系土壤水分的变化对胡杨根系分布有直接影响;根系分布的分维与土壤含水率期望之间并不是简单的线性关系。在土壤含水率期望小于0.124 cm^3/cm^3 时,根系分布的分维随土壤含水率均值的增加而增大;土壤含水率期望大于0.124 cm^3/cm^3 时,根系分布的分维随土壤含水率均值的增加而减小。这一点恰好反映出胡杨作为极端干旱区乔木的特点。

(4)利用概率统计的基本原理和方法,对含水率期望值 E 与根系分维值 D 之间的函数关系式进行分析计算可得

$$P\{0.04 < E < 0.34\} = 0.90$$

式中:P 为概率。可以认为含水率期望值在0.04~0.34 cm^3/cm^3 的范围,是适宜胡杨根系生长的范围。

第4章　胡杨吸水根系的根长密度

根系的生长和根系吸水是紧密联系在一起的两个过程，而乔木根系中吸水主要依靠的是直径 $d \leqslant 0.2$ cm 的根，我们称之为吸水根系，为了有效地研究胡杨根系吸水过程和根系分布、组成的关系，本章以胡杨的吸水根系为研究对象展开讨论。吸水根系的根长密度是研究根系吸水数学模型重要的参数，所以在研究胡杨吸水根系的分布特征的同时，着重拟合了吸水根系在垂直方向和水平方向的分布曲线，以及二维分布曲面，建立了相应的根长密度函数。这也为下一章建立胡杨根系吸水模型作了准备。

4.1　吸水根系根长密度的测定

4.1.1　根长的测定方法

在根系研究中，根长作为最常用的参数，是因为大多数研究者认为根长密度是估算根系吸收土壤水分和养分最优参数之一，因此根长的测定在根系研究中显得尤为重要。

测定根长的方法主要有以下几种。

4.1.1.1　直接测定方法

把根系置于有刻度的玻璃平面上，用镊子拉直根系，用放大镜或目测直接读数。这种方法直观，结果准确，但操作费时费力，不适用于大型试验。

4.1.1.2　交叉法（也叫截线法，Line - intersection method）

交叉法是用根系与线段之间的交点数，根据公式计算出根长的一种方法。交叉法因其有理论基础，简单快速，是最常用的测定根长的方法之一。Newman（1966）推导出用交叉法计算根长的公式：

$$R = \pi NA/2H \tag{4.1}$$

式中：R 是总根长；N 是根系与非常纤细的线段之间的交点；A 是矩形面积；H 是在矩形面上所有线段的总长度。

用上述方法测定的根系结果与直接测定方法相比，不仅能反映出根系的实际长度，而且测定时间比直线法大大缩短。

Marsh（1971）发现 A 和 H 之间有一简单的关系，可对 Newman 的方法进行简化。对于一个不限定大小的矩形平面，但随机直线要用同一间距的垂直和水平直线形成的网格代替（直线之间的间距为网格单位）。根据测定根系与垂直和水平直线的交叉数（N），得到根长：

$$\text{根长}(R) = 11(N \times \text{网格单位})/14 \tag{4.2}$$

如果把网格单位与公式中的系数合并，当网格单位分别是 1、2、3 cm 时，根长可分别简化为：0.785 7、1.571 4 和 2.357 1 乘以交点数 N。Tennant（1975）用此方法测定的根长与实际根长相关系数可达0.999 8。网格单位的选取可根据样品的大小来决定,样品大,适于选择大网格,如5 cm。但网格单位越大,准确性将降低。

4.1.1.3 根长测定仪

这是利用交叉法原理发展的电动仪器。根系与平行线之间的交叉点数,通过移动玻璃板上面摆布的根系样品位置来计算。玻璃板的下面,放着双目显微镜,并附有光电计算装置。每次当根部通过下方的显微镜,由换算器的电子装置记数记录,然后换算为实际根长。这种方法大大简化了根系测定过程,既方便又快速。Comair Root Length Scanner, Quantimer 720 等根长测定仪就是根据这种原理来测定根长的。

4.1.1.4 测定根系的计算机技术

随着计算机技术在图像方面的发展,把计算机与摄像机连接,首先对根样进行摄像,然后通过计算机特定的软件系统,可以直接测定出根系根长,而且根据需要,还可以分析出根系的分枝、直径和表面积等参数,为研究根系提供精确和大量的信息。如美国 CID 公司的 CI—400 彩色图像分析系统等。

4.1.2 胡杨吸水根系根长密度的测定

本书采用交叉法测定胡杨吸水根系根长密度。

试验于2006年6~7月在额济纳二道桥胡杨林自然保护区中进行。在20棵样树中选取1棵作为吸水根系相关试验的样本(样树14):胸径为13 cm,树高约7 m,周围(以树干为圆心,半径6 m以内)无其他胡杨。

以树干为中心,沿东—西方向和南—北方向挖十字剖面,取样深度至地表以下120 cm,水平距离由树干起至400 cm处止。取样尺寸为水平方向长20 cm,宽为10 cm,垂直方向20 cm为一层,取样共计480份,依次编号标记(见图4-1)。然后对每一土样利用土样筛,选取直径小于2 mm的根,用清水冲洗、晾干后,利用交叉法求得根长 l,当交叉点小于50时,采用直接测量法测定根长 l。再将 l 除以土样体积可得该体积上的根长密度。计算公式为

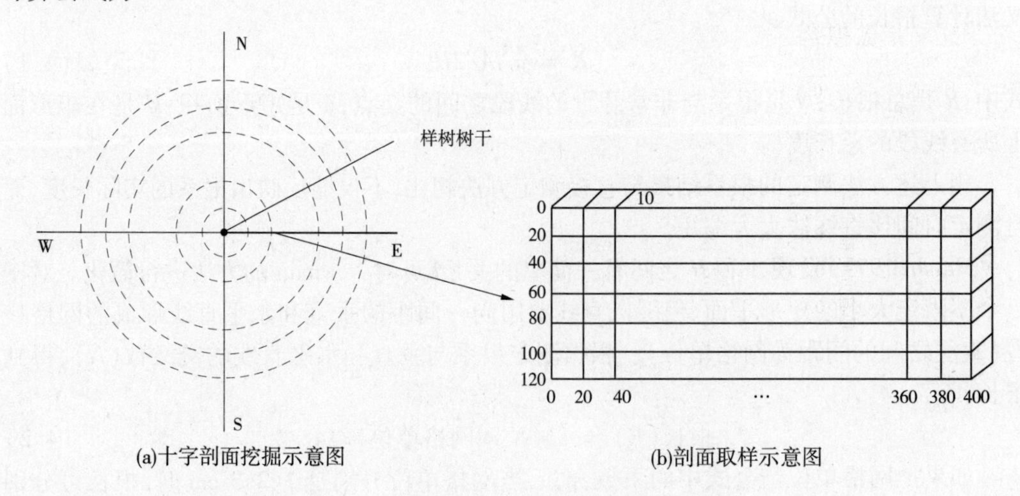

图4-1 胡杨吸水根系试验样树根系挖掘示意图 (长度单位:cm)

$$l = \frac{11}{14} \times N \times \gamma$$

$$L = \frac{l}{V} \tag{4.3}$$

式中:l 为根长,cm;N 为交叉点个数;γ 为与网格形状有关的常数;L 为根长密度,cm/cm^3;V 为每一土样块体积,cm^3。

4.2 吸水根系分布特征及根长密度的拟合

胡杨的吸水根系根长密度严格来说应当是呈三维分布的,但由于根系土壤以及胡杨个体发育等因素的影响,使得三维根长密度随个体不同而各不相同,而且差别很大。因此,由某一棵胡杨吸水根系的三维根长密度应用于其他胡杨,其适用性很差;而一维和二维胡杨吸水根系根长密度,由于进行了一定程度的空间平均,具有较好的适应性。因此,本书分析拟合了胡杨吸水根系根长密度一维和二维的分布函数。国内外学者在拟合一维函数时,多为垂直方向的一维函数,而胡杨根系具有发达的侧根,有些胡杨根系在水平方向甚至可延伸几十米,所以本书在拟合根长密度一维函数时,不仅拟合了垂直方向的函数,也拟合了水平方向的函数。

4.2.1 垂直方向一维根长密度分布

将每一层水平径向的根长密度平均,得到垂直方向的一维根长密度分布(见表4-1)。

表4-1 垂直方向的一维根长密度分布

土壤深度(cm)	根长密度(cm/cm^3)	土壤深度(cm)	根长密度(cm/cm^3)	土壤深度(cm)	根长密度(cm/cm^3)
0~20	0.255	40~60	0.761	80~100	0.010
20~40	0.066	60~80	0.030	100~120	0.001

采用 e 指数拟合其根长密度分布函数(见图4-2):

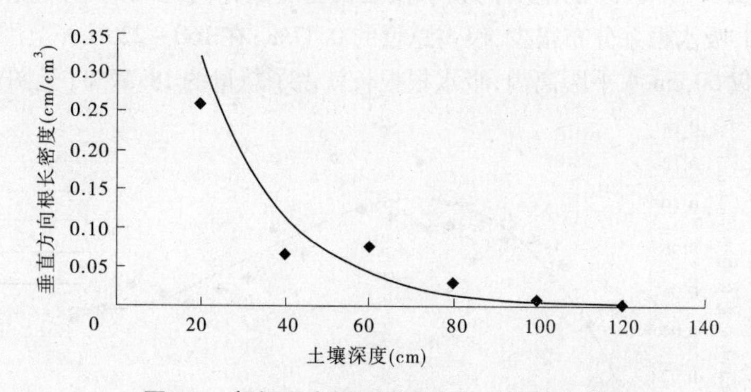

图4-2 胡杨吸水根系垂直方向一维根长密度

$$L(z) = 1.715\,3L_{max}e^{-6.048z/Z} \quad R^2 = 0.888\,4 \tag{4.4}$$

式中:z 为土壤深度,cm;$L(z)$ 为垂直方向的一维根长密度,cm/cm^3;Z 为根系垂直最大伸展长度,cm;L_{max}为最大根长密度,本次试验 $Z=120$ cm,$L_{max}=0.517$ cm/cm^3。

结果表明,在垂直方向,随着土壤深度的增加,根长密度呈递减趋势,吸水根主要集中在0~80 cm 的土层内,占总量的97.60%。在0~20 cm 的土层内,吸水根根量最大,占吸水根总量的58.25%;而在100~120 cm 的土层内,几乎已经没有吸水根存在,只占总量的0.19%。

4.2.2 水平方向一维根长密度分布

数据处理的方法与垂直方向类似,在垂直方向将每一间隔上的根长密度平均,得水平方向的一维根长密度分布(见表4-2)。

表4-2 水平方向的一维根长密度分布

径向距离(cm)	根长密度(cm/cm^3)	径向距离(cm)	根长密度(cm/cm^3)
20	0.006 9	220	0.122 6
40	0.045 2	240	0.076 6
60	0.072 7	260	0.088 3
80	0.085 2	280	0.065 3
100	0.085 3	300	0.059 9
120	0.075 1	320	0.054 3
140	0.090 6	340	0.058 1
160	0.121 7	360	0.064 1
180	0.094 4	380	0.050 2
200	0.098 2	400	0.046 0

采用e指数拟合其根长密度分布函数(见图4-3),得

$$L(r)=\begin{cases}0.046\,8L_{max}e^{1.914r/R_1} & 0\leqslant r<220 \quad R^2=0.68\\ 0.327\,5L_{max}e^{-1.28r/R_2} & 220\leqslant r<400 \quad R^2=0.73\end{cases} \tag{4.5}$$

式中:r 为根系水平伸展长度,cm; $L(r)$为水平方向的一维根长密度,cm/cm^3;R_1 和 R_2 为根系水平最大伸展长度,cm;本次试验 $R_1=220$ cm,$R_2=400$ cm;L_{max}同式(4.4)的表示。

结果表明,在水平方向上0~220 cm 的范围内,吸水根根长密度随径向距离的增加而逐渐增大;而在220~400 cm 的范围内吸水根根长密度随径向距离的增加而逐渐减小。在0~20 cm范围内,吸水根系分布很少,仅占总量的0.47%;在160~220 cm 范围内,吸水根系分布最为密集,仅60 cm 水平距离内,吸水根根长就占了总量的18.57%(见图4-3)。

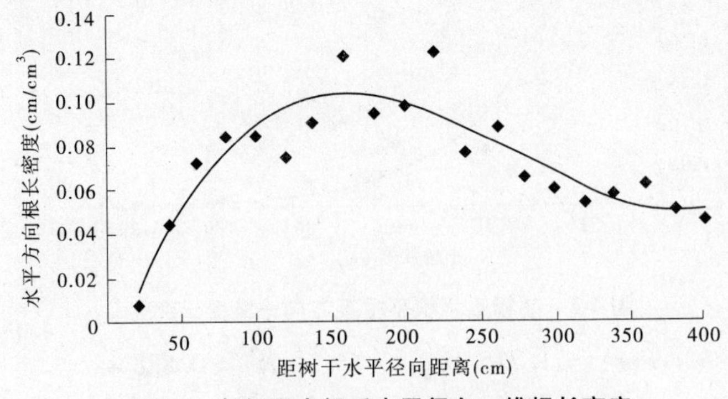

图4-3 胡杨吸水根系水平径向一维根长密度

4.2.3 二维根长密度分布

数据处理的方法与一维类似，得二维根长密度分布（见表4-3）。

表4-3 二维根长密度分布 （单位：cm/cm³）

水平	垂向					
	0~20 cm	20~40 cm	40~60 cm	60~80 cm	80~100 cm	100~120 cm
20 cm	0	0.026 518	0.014 929	0	0	0
40 cm	0.185 232	0.052 643	0.024 554	0.008 839	0	0
60 cm	0.288 161	0.075 429	0.043 804	0.028 679	0	0
80 cm	0.298 768	0.085 250	0.069 143	0.044 786	0.012 964	0
100 cm	0.311 732	0.070 714	0.074 250	0.022 786	0.023 571	0.009 036
120 cm	0.307 411	0.044 196	0.046 161	0.009 429	0.035 357	0.007 857
140 cm	0.369 286	0.025 536	0.094 286	0.053 036	0.001 179	0
160 cm	0.516 607	0.040 268	0.131 607	0.040 268	0.001 179	0
180 cm	0.318 214	0.036 143	0.094 286	0.076 607	0.041 250	0
200 cm	0.337 857	0.076 607	0.058 143	0.086 429	0.030 446	0
220 cm	0.483 214	0.064 821	0.098 214	0.064 625	0.024 554	0
240 cm	0.253 393	0.066 786	0.104 107	0.019 446	0.015 911	0
260 cm	0.223 929	0.163 036	0.108 036	0.027 500	0.007 268	0
280 cm	0.177 768	0.088 393	0.066 786	0.058 929	0	0
300 cm	0.208 214	0.034 375	0.098 214	0.018 857	0	0
320 cm	0.218 036	0.044 196	0.049 500	0.014 143	0	0
340 cm	0.165 000	0.086 429	0.092 321	0.004 714	0	0
360 cm	0.208 214	0.098 214	0.074 643	0.003 339	0	0
380 cm	0.117 857	0.108 036	0.064 821	0.010 607	0	0
400 cm	0.115 893	0.038 304	0.113 929	0.007 661	0	0

其分布如图4-4所示。

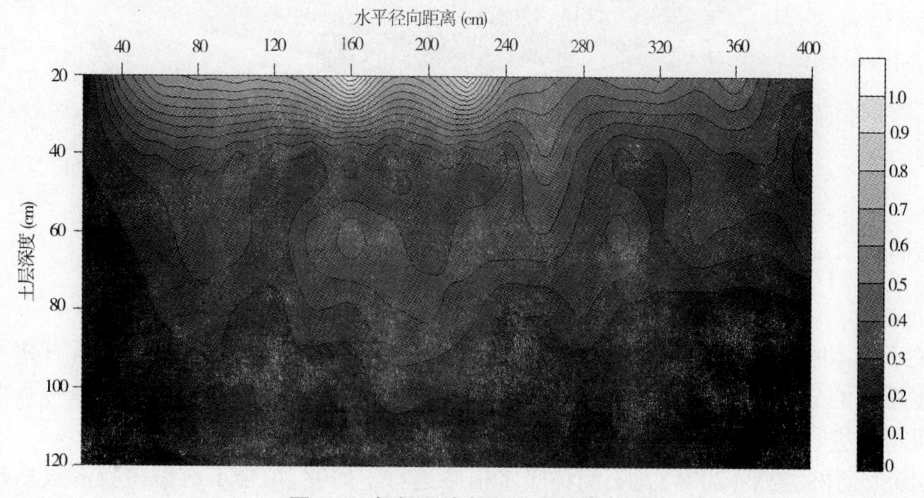

图4-4 胡杨吸水根系二维根长密度

假设二维根长密度函数满足二维的 e 指数函数

$$L(z,r) = aL_{\max}e^{-(br/R+cz/Z)} \tag{4.6}$$

式中：z、r、Z、R、$L_{\max}$ 与式(4.9)和式(4.5)表示相同；$L(z,r)$ 为二维根长密度，cm/cm^3，a、b、c 为待定参数。

通过计算，确定 a、b、c 的估计值、标准差，以及置信度为 0.95 的置信区间(见表4-4)，

$$L(z,r) = 1.324L_{\max}e^{-(5.423r/R+0.215z/Z)} \quad R^2 = 0.685 \tag{4.7}$$

表4-4　待定参数 a、b、c 的回归分析

待定参数	估计值	标准差	置信度为 0.95 的置信区间
a	1.324	0.198	(0.932, 1.717)
b	5.423	0.586	(4.262, 6.583)
c	0.215	0.165	(-0.111, 0.541)

从而得到根长密度的二维分布函数为(见图4-5)：

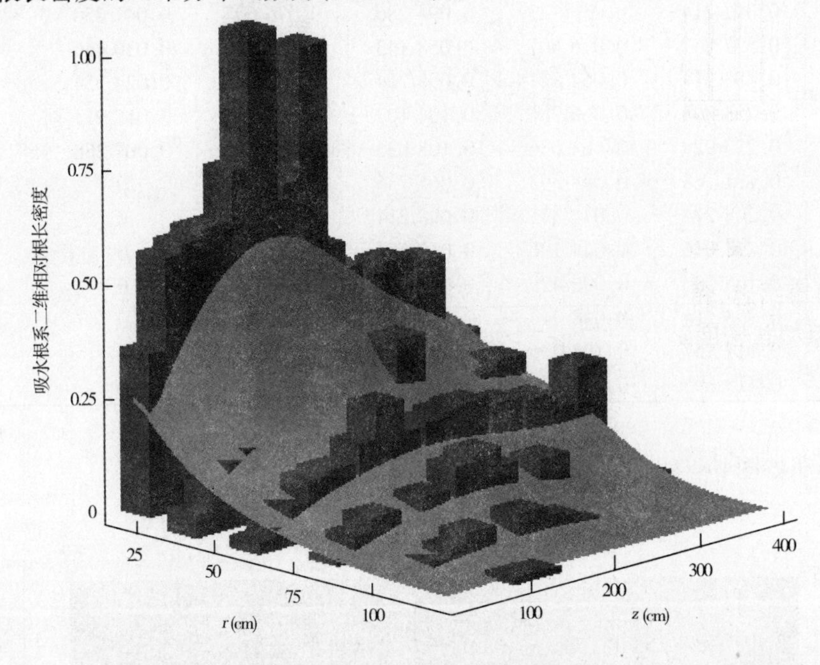

图4-5　胡杨吸水根系二维根长密度及其拟合曲面

4.3　关于拟合的讨论

关于乔木吸水根系的研究，在国内外都比较少。可查到的文献有关于石榴树和苹果树吸水根系的分析。为此，将拟合的胡杨树吸水根系的一维、二维根长密度函数与石榴树和苹果树的进行对比讨论。

(1)张劲松、孟平(2004)对石榴树吸水根系进行了研究，拟合了石榴树吸水根系根长

密度函数。其拟合的垂直方向一维根长密度函数为

$$L(z) = \begin{cases} 0.0865\mathrm{e}^{0.0258z} & 0 \leqslant z < 30 \\ 0.6376\mathrm{e}^{-0.0369z} & 30 \leqslant z \leqslant 140 \end{cases} \tag{4.8}$$

式中:$L(z)$为垂直方向根长密度,cm/cm³;z为垂直方向深度,cm。

文献中未写出水平方向一维根长密度函数的具体表达式,但从图4-6可以看出,水平方向一维根长密度函数应该符合以下形式:

$$L(r) = a\mathrm{e}^{-br} \tag{4.9}$$

式中:$L(r)$为水平方向根长密度,cm/cm³;r为距树干水平径向距离,cm;a,b为待定参数,可通过对实测数据的回归分析得到。

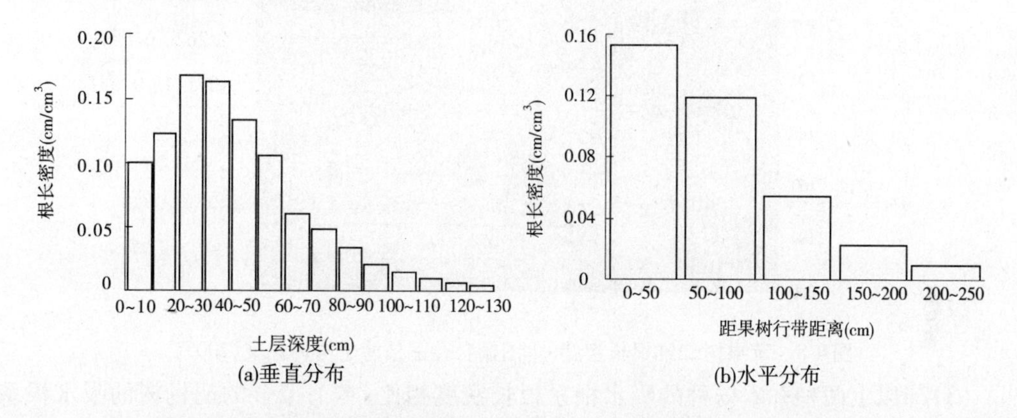

图4-6 石榴树吸水根系根长密度分布图(本图摘自张劲松文章,2004)

(2)康绍忠、龚道枝、姚立民等(2006)对苹果树吸水根系进行了研究,拟合了苹果树吸水根系根长密度函数。

拟合的垂直方向一维根长密度函数为(见图4-7)

$$L(z) = 0.8007L_{\max}\mathrm{e}^{-3.9022z/Z_r} \tag{4.10}$$

拟合的二维根长密度函数为(见图4-8):

$$L(r,z) = 0.8959L_{\max}\mathrm{e}^{-(0.9658r/R_r)-5.0982(z/Z_r)} \tag{4.11}$$

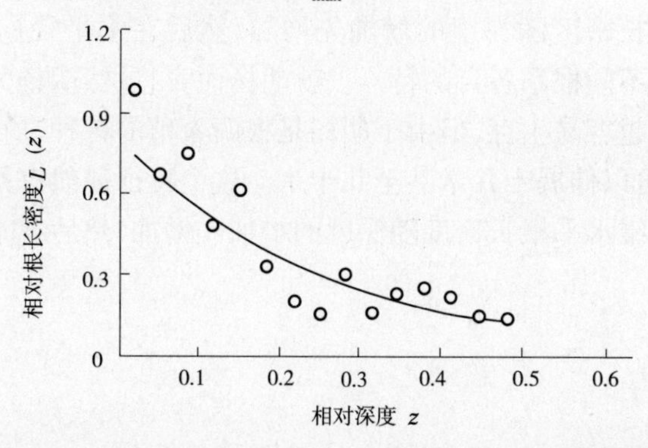

图4-7 苹果树垂直方向相对根长密度(本图摘自姚立民硕士毕业论文,2004)

式中:$L(z)$为垂直方向一维根长密度,cm/cm³;$L(r,z)$为二维根长密度,cm/cm³;z为垂直方向深度,cm;Z_r为根系伸展长度,cm;r为距树干水平径向距离,cm;R_r为根系径向伸展

长度,cm;L_{max}为最大根长密度。

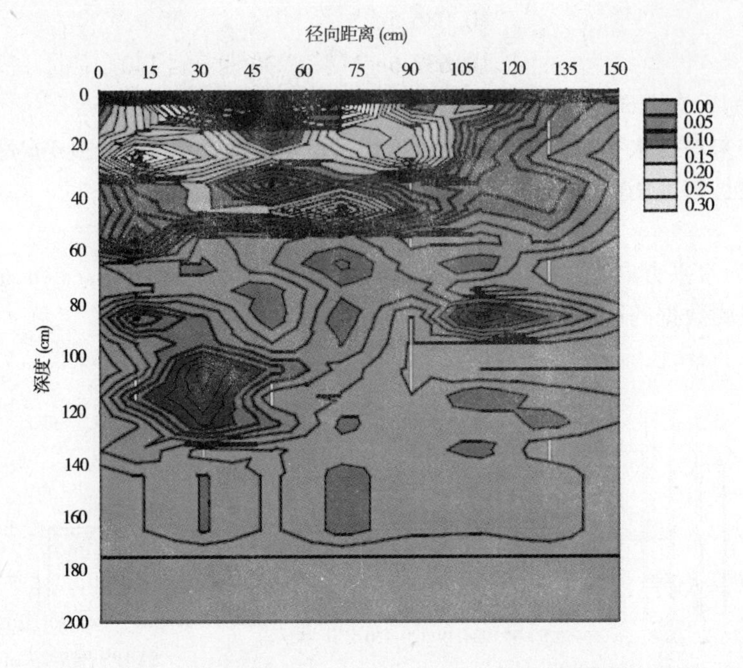

图 4-8 苹果树二维根长密度(本图摘自龚道枝博士毕业论文,2005)

(3)与以上两种乔木树种的吸水根系根长密度相比,本书拟合的胡杨树的吸水根系根长密度在形式上与它们是相同的,都满足 e 指数函数。这说明用 e 指数函数来拟合乔木树种的吸水根系根长密度是可行的,而且能基本反映吸水根系的特征。其实拟合的根长密度函数可以用各种形式来表示,但 e 指数函数具有形式简单、参数较少的特点;而且统一采用 e 指数函数拟合,进行纵向对比研究更易分析其异同。同时,三者的具体表达式各不相同。在垂直方向,石榴树吸水根系的一维根长密度随深度的增加先增加,然后在深度约为 40 cm 后逐步减小;而苹果树和胡杨树吸水根系的一维根长密度随深度的增加先逐步减小。在水平方向,石榴树吸水根系的一维根长密度随深度的增加逐步减小;而胡杨树吸水根系的一维根长密度随深度的增加先增加,然后在水平径向约 240 cm 后逐步减小。这些差异反映出不同根系各自的特点。就胡杨而言,虽然胡杨分布在干旱荒漠区,其根系在垂直方向越深越容易生存,但由于胡杨是根蘖繁殖的树种,所以胡杨的侧根也非常发达,且在水平方向可以伸展十几米甚至几十米。这个特征显然有别于其他乔木树种,体现在根系上则是其一维水平根长密度随深度的增加先增加,然后在水平径向约 240 cm 后才逐渐减小。

4.4 本章小结

本章在试验的基础上对我国极端干旱区天然分布的乔木树种——胡杨的吸水根系分布进行了分析研究。

(1)胡杨吸水根系的整体特征。在垂直方向:随着土壤深度的增加,根长密度呈递减趋势,吸水根主要集中在0~80 cm的土层内,占总量的97.60%。在0~20 cm的土层内,吸水根根量最大,占吸水根总量的58.25%;而在100~120 cm的土层内,几乎已经没有吸水根存在,只占总量的0.19%。在水平方向:0~220 cm的范围内,吸水根根长密度随径向距离的增加而逐渐增大;而在220~400 cm的范围内吸水根根长密度随径向距离的增加而逐渐减小。在0~20 cm范围内,吸水根系分布很少,仅占总量的0.47%;在160~220 cm范围内,吸水根系分布最为密集,仅60 cm水平距离内,吸水根根长就占了总量的18.57%。

(2)拟合了吸水根系在垂直和水平方向的分布曲线,以及二维分布曲面,采用指数函数拟合,建立了相应的根长密度函数:

$$L(z) = 1.7153L_{max}e^{-6.048z/Z}$$

$$L(r) = \begin{cases} 0.0468L_{max}e^{1.914r/R_1} & 0 \leqslant r < 220 \\ 0.3275L_{max}e^{-1.28r/R_2} & 220 \leqslant r < 400 \end{cases}$$

$$L(z,r) = 1.324L_{max}e^{-(5.423r/R+0.215z/Z)}$$

所得结果的R^2都在0.68以上,说明胡杨吸水根系根长密度分布也具有与果树吸水根系相似的规律,基本符合指数分布规律。

(3)试验结果为下一章胡杨根系吸水模型的建立,以及胡杨SPAC系统进一步的研究提供了试验依据和理论支持。

第 5 章　胡杨根系吸水模型的建立

根系吸水模型是将根系吸水定量化的数学工具。有了根系吸水模型,就可以根据初始条件和边界条件,对土壤水分进行动态模拟,从而可以预测土壤蒸发和植株蒸腾影响下的土壤水分变化状况,可以了解地表水、土壤水和地下水的相互转化规律,进而为本地区有效利用有限的水资源,既保护和改善生态环境,又促进经济发展提供科学的理论依据。

本章着重讨论胡杨根系吸水模型的建立,内容分为 4 部分:一是通过与其他乔木根系吸水模型的对比,确定胡杨根系吸水模型的形式;二是确定所选模型中的各个参数;三是建立胡杨根系吸水模型;四是讨论模型参数的可靠性。

5.1　胡杨根系吸水模型的选择

5.1.1　模型的分析与对比

植物根系吸水模型分为两大类,即微观模型与宏观模型。

广泛应用的根系吸水模型主要为宏观根系吸水模型。宏观根系吸水模型有许多种,但根据建立根系吸水模型的方法不同,又可以细分为两类:一是将植株蒸腾量按根系密度成某种比例分配所建立的根系吸水模型;二是由土壤水分动态反推根系吸水速率,再根据根系吸水速率的空间分布建立根系吸水模型。

纵观现有的根系吸水模型,其中的有些模型过于简化,以致不能够正确反映根系吸水的实际状况:有些模型又由于考虑了太多的因素,以致使用起来十分不便。建立根系吸水模型的主要目的是要进行土壤水分模拟的应用,实际应用要求科学合理而又形式简便的根系吸水模型。因此,只有科学合理而又形式简便、使用方便的根系吸水模型,才会具有真正持久的生命力。所以,对现有乔木根系吸水模型进行分析比较, 以此为基础确定胡杨根系吸水模型的形式。

在现有的宏观根系吸水模型中针对乔木根系的很少,所以已建立的乔木根系吸水模型就有很重要的参考价值。

(1) J. A. Vrugt 模型。

2001 年,J. A. Vrugt 等针对杏树建立了根系吸水模型,其中一维模型为

$$S_m(z) = \frac{\beta(z) T_{pot}}{\int_0^{Z_m} \beta(z) \mathrm{d}z} \tag{5.1a}$$

二维模型为

$$S_m(r,z) = \frac{\pi R^2 \beta(r,z) T_{pot}}{2\pi \int_0^{Z_m} \int_0^{R_m} r\beta(r,z) \mathrm{d}r\mathrm{d}z} \tag{5.1b}$$

三维模型为

$$S_m(x,y,z) = \frac{X_m Y_m \beta(x,y,z) T_{pot}}{\int_0^{X_m}\int_0^{Y_m}\int_0^{Z_m}\beta(x,y,z)\,\mathrm{d}x\mathrm{d}y\mathrm{d}z} \tag{5.1c}$$

式中：$S_m(z)$、$S_m(r,z)$、$S_m(x,y,z)$分别为一维、二维、三维根系吸水函数；$\beta(z)$、$\beta(r,z)$、$\beta(x,y,z)$分别为构造的一维、二维、三维根系吸水特征函数；T_{pot}为树木潜在蒸腾量；X_m、Y_m、Z_m分别为树木根系在空间三个方向上的最大伸展长度；R_m为树木根系在水平径向上的最大伸展长度。

可以看出，二维、三维模型是在一维模型基础上推广而得到的，这一点对于建立不同维数的胡杨根系吸水模型具有借鉴作用。

(2)Steve Green 模型。

由于苹果的经济效益，对苹果树根系的研究在国内外的研究已较为深入。Steve Green(1999)提出了苹果树根系吸水模型

$$S(z,h) = \alpha(h) S_m(z) \tag{5.2}$$

式中：$S(z,h)$为一维根系吸水函数；$\alpha(h)$为反映根系对土壤水势依赖程度的无量纲函数；$S_m(z)$为最大吸水强度，1/d，它与根长密度成正比。

这个模型形式简单，并且在模型中提出了根长密度的概念，但在$S_m(z)$的确定上有一定难度。

(3)改进的 Feddes 模型。

Feddes(1978)对根系吸水强度与土壤含水率以及土壤水势之间的关系做了非常有益的探讨，他提出的根系吸水水势影响函数$\alpha(h)$，比较合理地反映了土壤水分状况以及土壤质地对根系吸水的影响，对其他根系吸水模型的研究，具有重要的参考价值。罗毅等在 Feddes 模型的基础上，增加了根系密度项，从而提出改进的 Feddes 模型。该模型结构合理而又形式简便，经对冬小麦所做的试验验证表明，其模拟精度较高。

龚道枝、姚立民、康昭忠等(2006)采用改进的 Feddes 模型来建立苹果树根系吸水模型，其具体形式为

$$S(z,t) = \frac{\alpha(h)L(z)}{\int_0^{Z}\alpha(h)L(z)\,\mathrm{d}z} T_r(t) \tag{5.3}$$

其中

$$\alpha(h) = \begin{cases} \dfrac{h}{h_1} & h_1 < h \leqslant 0 \\ 1 & h_2 < h \leqslant h_1 \\ \dfrac{h-h_3}{h_2-h_3} & h_3 < h \leqslant h_2 \\ 0 & h < h_3 \end{cases} \tag{5.4}$$

式中：z为地面向下的深度，cm；Z为根系在垂直方向的最大伸展长度，cm；$T_r(t)$为植株蒸

腾强度，cm/h；$S(z,t)$为根系垂直方向的一维吸水强度，1/d；$L(z)$为垂直方向的一维根长密度，cm/cm^3；h为土壤水势，cm；$\alpha(h)$为水势影响函数；h_1、h_2、h_3为影响根系吸水的几个土壤水势阈值。

该模型同时考虑了根长密度和土壤水势状况这两个影响根系吸水强度最重要的因素，因此比较合理且形式简单，便于应用。

5.1.2 胡杨根系吸水模型的选择

胡杨根系吸水模型严格来说应当是呈三维分布的，但其适用性很差；而一维和二维胡杨吸水根系根长密度，由于进行了一定程度的空间平均，具有较好的适应性。因此，本书拟建立胡杨根系一维和二维的吸水模型。国内外学者在建立一维吸水模型时，多为垂直方向的模型，而胡杨根系具有发达的侧根，有些胡杨根系在水平方向甚至可延伸几十米，所以本书不仅建立垂直方向的一维模型，也建立水平径向的一维模型。

综合分析以上三个乔木根系的吸水模型，本书拟采用改进的 Feddes 模型来建立胡杨根系吸水模型。同时借鉴 J. A. Vrugt 杏树根系吸水模型，将改进的 Feddes 模型推广，建立胡杨根系水平径向一维和二维吸水模型。

公式(5.3)是植物根系垂直方向的一维吸水模型的表达式。将其进行推广可得水平方向的一维吸水模型的表达式

$$S(r,t) = \frac{\alpha(h)L(r)}{\int_0^R \alpha(h)L(r)\,\mathrm{d}r}T_r(t) \tag{5.5}$$

式中：r为距树干的水平径向距离，cm；R为根系在水平径向的最大伸展长度，cm；$S(r,t)$为根系在水平方向的一维吸水强度，1/d；$L(r)$为水平方向的一维根长密度，cm/cm^3；其他符号意义同前。

将改进的 Feddes 模型(3)和(5)进行推广，可得胡杨根系吸水二维模型

$$S_r(r,z,t) = \frac{\pi R^2\alpha(h)L(r,z)}{2\pi\iint_D \alpha(h)L(r,z)r\mathrm{d}r\mathrm{d}z}T_r(t) \tag{5.6}$$

式中：D为积分区域，其范围为$0 \leqslant r \leqslant R, 0 \leqslant z \leqslant Z$；$S(r,z,t)$为二维根系吸水强度，1/d；$L(r,z)$为二维根长密度函数；其他符号意义同前。

5.2 模型参数的确定

5.2.1 水势影响函数的确定

$\alpha(h)$为水势影响函数，其中h_1取80%田间持水量对应的土水势，h_2取60%田间持水量对应的土水势，h_3取凋萎含水率对应的土水势。

所以，要确定水势影响函数$\alpha(h)$，须首先确定胡杨林土壤水分特征曲线。本书采用

WP4 露点水势仪测定胡杨林土壤水分特征曲线(见表 5-1 和图 5-1)。

表 5-1 胡杨林土壤含水率与吸力数据

含水率(cm^3/cm^3)	吸力(-cm)	含水率(cm^3/cm^3)	吸力(-cm)	含水率(cm^3/cm^3)	吸力(-cm)
0.027 1	620	0.08	126	0.145 8	47
0.032 3	453	0.085 5	101	0.178 9	44
0.038 4	330	0.095 1	86	0.201 6	38
0.053 2	238	0.104 7	77	0.22	33
0.059 4	180	0.122 2	66	0.25	32
0.072 4	162	0.132 7	66	0.3	21

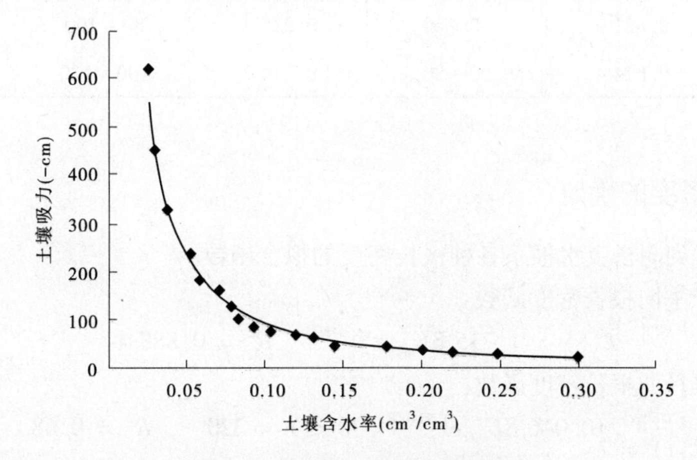

图 5-1 胡杨林土壤水分特征曲线

对以上数据进行回归分析得:

$$s = 4.038\,3\,\theta^{-1.362\,3} \quad R^2 = 0.984 \tag{5.7}$$

式中:s 为土壤吸力,-cm;θ 为土壤含水率,cm^3/cm^3。

额济纳胡杨林地土壤平均含水率已在第三章算出,利用上面得到的公式(5.7)计算不同土层的水势(见表 5-2)。

表 5-2 胡杨林地不同土层平均含水率及对应水势

土层深度(cm)	平均含水率(cm^3/cm^3)	水势(cm)
0 ~ 20	0.015 17	-1 214.065
20 ~ 40	0.040 13	-322.621
40 ~ 60	0.084 67	-116.668
60 ~ 80	0.117 40	-74.746
80 ~ 100	0.170 67	-44.898
100 ~ 120	0.184 19	-40.469

在额济纳胡杨林地,土壤饱和含水率为31.7%,田间持水量为3.55%,凋萎含水率为0.73%,由此可确定h_1、h_2、h_3(见表5-3)。

表5-3　水势影响函数中的几个土壤水势阈值

项目	田间持水率	80%田间持水率	60%田间持水率	凋萎含水率
含水率(cm^3/cm^3)	0.035 5	0.028 4	0.021 3	0.007 3
土水势(cm)	-381.261	-516.705	-764.622	-3 288.47

将表5-2、表5-3的计算结果代入公式(5.2)可得水势影响函数$\alpha(h)$的值(见表5-4)。

表5-4　胡杨根系水势影响函数$\alpha(h)$的确定

深度(cm)	$\alpha(h)$	深度(cm)	$\alpha(h)$	深度(cm)	$\alpha(h)$
0~20	0.821 9	40~60	0.225 8	80~100	0.086 9
20~40	0.624 4	60~80	0.144 7	100~120	0.078 3

5.2.2　根长密度的确定

上一章已得到胡杨吸水根系各种根长密度的拟合函数。

$L(z)$为一维垂向根长密度函数:

$$L(z) = 1.715\,3L_{max}e^{-6.048z/Z} \quad R^2 = 0.888\,4 \tag{5.8}$$

$L(r)$为一维径向根长密度函数:

$$L(r) = \begin{cases} 0.046\,8L_{max}e^{1.914r/R_1} & 0 \leqslant r < 220 \quad R^2 = 0.68 \\ 0.327\,5L_{max}e^{-1.28r/R_2} & 220 \leqslant r < 400 \quad R^2 = 0.73 \end{cases} \tag{5.9}$$

$L(z,r)$为二维根长密度函数:

$$L(z,r) = 1.324L_{max}e^{-(5.423r/R+0.215z/Z)} \quad R^2 = 0.685 \tag{5.10}$$

式中各符号意义同前。

5.2.3　植株蒸腾强度的确定

$T_r(t)$为植株蒸腾强度(cm/d)。利用树干液流日、季实测资料绘制胡杨蒸腾速率日变化散点图(见图5-2)。

分段拟合试验区胡杨蒸腾速率日变化的数学模型(见图5-3)。

所拟合胡杨蒸腾速率日变化曲线方程为:

$$T_r(t) = \begin{cases} -2E-08t^5 + 7E-07t^4 + 8E-05t^3 - 0.004t^2 + 0.066\,3t + 0.034\,6 & 1 \leqslant t \leqslant 45 \\ -5E-09t^6 + 2E-06t^5 - 0.000\,3t^4 + 0.029\,6t^3 - 1.441\,1t^2 + 36.913t - 387.37 & 46 \leqslant t \leqslant 99 \\ -3E-07t^4 + 0.000\,1t^3 - 0.222t^2 + 1.762\,4t - 51.51 & 100 \leqslant t \leqslant 149 \end{cases} \tag{5.11}$$

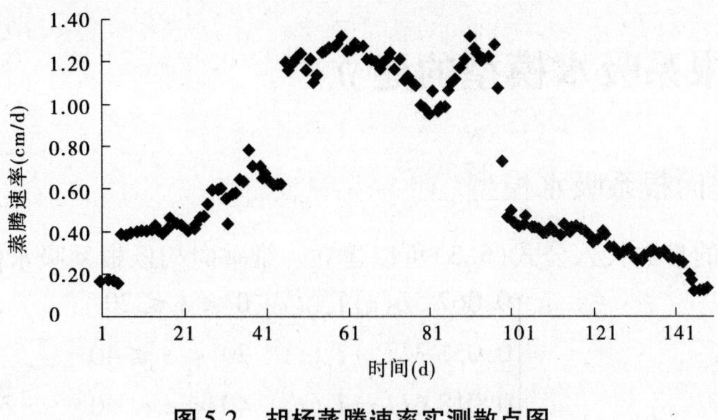

图 5-2　胡杨蒸腾速率实测散点图

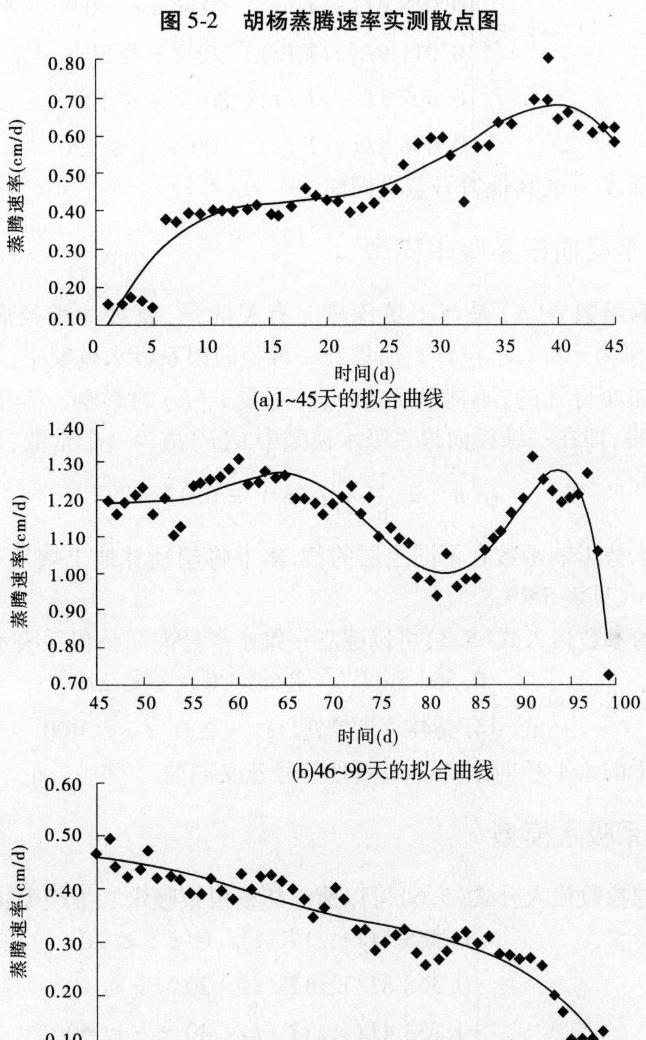

图 5-3　分段拟合试验区胡杨蒸腾速率日变化曲线

5.3 胡杨根系吸水模型的建立

5.3.1 一维垂向根系吸水模型

将以上确定的参数代入公式(5.3)可以建立一维垂向胡杨根系吸水模型:

$$S(z,t)=\begin{cases}0.0675L(z)T_r(t) & 0<z\leqslant 20\\0.0513L(z)T_r(t) & 20<z\leqslant 40\\0.0186L(z)T_r(t) & 40<z\leqslant 60\\0.0119L(z)T_r(t) & 60<z\leqslant 80\\0.0071L(z)T_r(t) & 80<z\leqslant 100\\0.0064L(z)T_r(t) & 100<z\leqslant 120\end{cases} \tag{5.12}$$

式中:z 表示土层深度,cm;其他符号意义同前。

5.3.2 一维水平径向根系吸水模型

因为水势影响函数 $\alpha(h)$ 是与土壤深度 z 有关的量,而对一维径向根系吸水模型 $S(r,t)$ 来说,自变量为 r 和 t,不包含 z,所以在一维径向根系吸水模型中,求密度时是把根长在垂直方向累加而得到的,不能认为 $S(r,t)$ 不受 $\alpha(h)$ 的影响。本书将不同土层的 $\alpha(h)$ 进行平均处理,即在一维径向根系吸水模型中 $\alpha(h)$ 成为一个常数:

$$\alpha(h)=\frac{1}{6}\sum_{i}^{6}\alpha(h_i)=0.33 \tag{5.13}$$

式中:$\alpha(h_i)$ 表示水势影响函数在不同土层的值,本书将胡杨林地土壤从 0 ~ 120 cm 分成 6 层,每层为 20 cm(见表 5-4)。

将以上确定的参数代入式(5.3)可以建立一维水平径向胡杨根系吸水模型:

$$S(r,t)=\begin{cases}0.6665e^{1.914r/220}T_r(t) & 0<r\leqslant 220\\4.664e^{-1.28r/400}T_r(t) & 220<r\leqslant 400\end{cases} \tag{5.14}$$

式中:r 表示距树干的水平径向距离,cm;其他符号意义同前。

5.3.3 二维根系吸水模型

将以上确定的参数代入公式(5.6)可以建立胡杨根系吸水二维模型:

$$S(r,z,t)=\begin{cases}0.4855L(r,z)T_r(t) & 0<z\leqslant 20\\0.3688L(r,z)T_r(t) & 20<z\leqslant 40\\0.1334L(r,z)T_r(t) & 40<z\leqslant 60\\0.0855L(r,z)T_r(t) & 60<z\leqslant 80\\0.0513L(r,z)T_r(t) & 80<z\leqslant 100\\0.0463L(r,z)T_r(t) & 100<z\leqslant 120\end{cases} \tag{5.15}$$

式中各符号意义同前。

5.4 模型参数的讨论

本章着重研究了胡杨根系吸水模型的选择及对所选模型中各参数的确定。模型中各参数准确与否将直接影响到模型是否符合实际,并能较好地应用,所以需要对各参数进行分析讨论。

5.4.1 对水势影响函数的讨论

$\alpha(h)$为水势影响函数,其准确与否与所建立的土壤水分特征曲线有着直接的关系,所以着重分析土壤水分特征曲线测定的准确性。

朱永华(2001)测定额济纳土壤水分特征曲线为

$$s_1 = 3.79\theta^{-1.3744} \tag{5.16}$$

本次试验测定的额济纳胡杨林地土壤水分特征曲线为式(5.7):

$$s_2 = 4.0383\theta^{-1.3623}$$

式中符号意义同前。

比较两条土壤水分特征曲线,其趋势一致(见图5-4)。

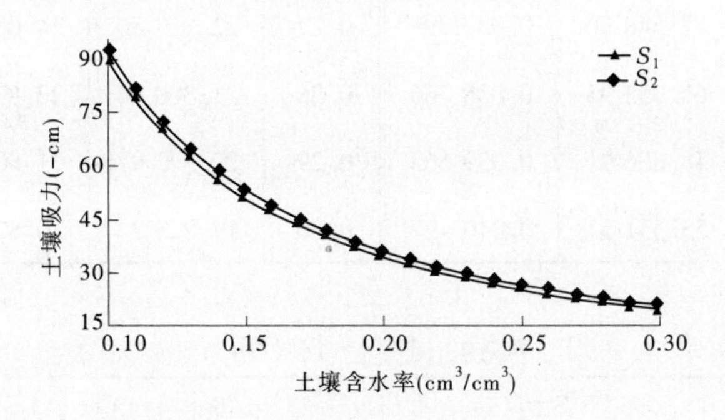

图5-4 土壤水分特征曲线对比

进而对函数表达式(5.16)与式(5.7)进行定量分析。对不同的土壤水分特征曲线各取样30个,对其相对误差进行分析(见表5-5和表5-6)。

其中:$\bar{s} = \frac{1}{2}(s_1 + s_2)$。

$(s_2 - s_1)/\bar{s}$的均值为0.0378,方差为0.00011,都非常接近0,这说明表达式(5.16)与式(5.7)具有很强的一致性,即本次试验所得额济纳胡杨林地土壤水分特征曲线的结果可信。

表达式(5.16)与式(5.7)不同主要是试验地不同以及试验观测中的人为误差和系统误差造成的。

表 5-5　不同土壤水分特征曲线取样

θ	s_1	s_2	$(s_2-s_1)/\bar{s}$	θ	s_1	s_2	$(s_2-s_1)/\bar{s}$
0.01	2 125.393	2 141.897	0.007 735	0.16	47.043 18	49.025 94	0.041 278
0.02	819.791 8	833.115 9	0.016 122	0.17	43.282 29	45.139 63	0.042 011
0.03	469.552 1	479.530 6	0.021 028	0.18	40.012 22	41.758 11	0.042 702
0.04	316.204 4	324.050 2	0.024 508	0.19	37.146 70	38.792 93	0.043 356
0.05	232.688 5	239.106 7	0.027 208	0.20	34.618 13	36.174 74	0.043 977
0.06	181.112 4	186.519	0.029 413	0.21	32.372 86	33.848 48	0.044 567
0.07	146.533 3	151.189 5	0.031 278	0.22	30.367 81	31.769 92	0.045 129
0.08	121.964 2	126.043 1	0.032 894	0.23	28.568 04	29.903 14	0.045 667
0.09	103.735 7	107.357 9	0.034 318	0.24	26.944 92	28.218 69	0.046 181
0.10	89.750 98	93.003 35	0.035 593	0.25	25.474 78	26.692 23	0.046 675
0.11	78.731 6	81.678 8	0.036 746	0.26	24.137 92	25.303 49	0.047 149
0.12	69.857 41	72.548 76	0.037 798	0.27	22.917 80	24.035 42	0.047 606
0.13	62.579 99	65.053 93	0.038 766	0.28	21.800 44	22.873 64	0.048 046
0.14	56.519 83	58.806 91	0.039 663	0.29	20.773 97	21.805 89	0.048 470
0.15	51.406 66	53.531 51	0.040 497	0.30	19.828 22	20.821 71	0.048 880

表 5-6　$(s_2-s_1)/\bar{s}$分析

样本容量	均值	标准差	均值标准误
30	0.037 8	0.010 29	0.001 88

5.4.2　对根长密度的讨论

在本次试验以前，还没有人对胡杨根系根长密度做出如此深入的研究，所以无法做出对比；而我们对胡杨根系根长密度的拟合，是在合理的试验方案、方法指导下进行的，试验结果与其他乔木根系根长密度进行了对比分析（第 4 章），符合胡杨生长特性。试验结果的误差应该主要是由于试验地选择不同以及试验观测中的人为误差和系统误差造成的。

5.4.3　对植株蒸腾强度的讨论

$T_r(t)$的数据是采用先进的试验仪器 SF300 型茎流计测定胡杨树干液流，并在分析日、季实测资料的基础上得到的。

5.4.3.1　**不同林龄及叶型蒸腾速率的日变化**

各林龄的胡杨蒸腾速率的日变化曲线都呈单峰型,在07:00为最小值,15:00达最大值。胡杨林龄不同,蒸腾作用不同,在07:00~08:00,幼龄胡杨蒸腾速率最小,中龄胡杨居中,老龄胡杨最大;08:00~09:30,老龄胡杨蒸腾速率最大,幼龄胡杨居中,中龄胡杨最小;09:30~10:30,老龄胡杨蒸腾速率最大,中龄胡杨居中,幼龄胡杨最小;10:30~15:00,中龄胡杨蒸腾速率最大,老龄胡杨居中,幼龄胡杨最小;15:30~16:00,老龄胡杨蒸腾速率最大,中龄胡杨居中,幼龄胡杨最小;16:00~17:00,老龄胡杨蒸腾速率最大,幼龄胡杨居中,中龄胡杨最小(见图5-5)。

胡杨叶型多变化,在幼苗、幼树和成年树下部萌生条上呈线状披针形、狭披针形或披针形,似柳树叶;成年树上的叶片呈卵状菱形、卵圆形或肾形等,似杨树叶。自然生长的胡杨,从幼苗开始为柳树叶,随着树体的生长,逐渐出现杨树叶。同种植物具有不同形态的叶片是很少见的,利用胡杨的这一特点,根据其生长的现象和叶型变化与生长部位来推测杨、柳叶对大气极端干旱条件的适应能力及对光合速率、蒸腾速率和水分利用效率的响应。从蒸腾速率的日间变化来看,阔卵叶大于披针叶。两种叶型的蒸腾速率变化均呈单峰型,08:00~14:00呈增大趋势,14:00~20:00呈下降趋势,最大值出现在14:00,最小值出现在08:00(见图5-6)。

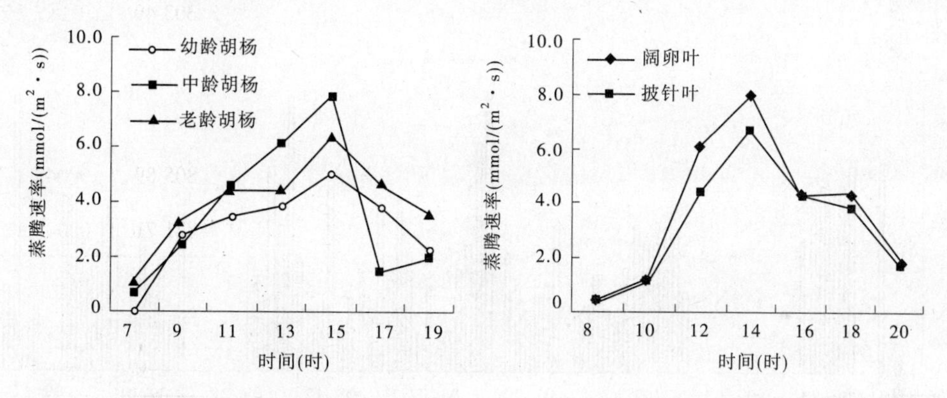

图5-5　不同林龄胡杨蒸腾速率的日变化　　**图5-6　不同叶型蒸腾速率的日变化**

5.4.3.2　**胡杨林地蒸散日变化规律**

从图5-7可看出,晴天天气下胡杨的蒸散速率日变化表现出明显的昼夜变化,蒸散速率变化呈单峰型。在清晨,太阳辐射弱,气温低,蒸散速率上升缓慢;随着太阳辐射的逐渐增加,气温逐渐升高,空气相对湿度降低,蒸散速率逐渐增大,在16:00~17:00达到最高值。而后,光照强度减弱,温度降低,空气相对湿度增高,导致胡杨植株内外水汽压差减小,蒸散速率降低。以这几个典型日的平均值为例,00:00~07:00时的蒸散速率很低,小于0.02 mm/h,07:00以后,蒸散速率呈迅速上升过程,其值由0.032 mm/h上升到11:00的0.129 mm/h,12:00~17:00,蒸散速率维持较高的水平但变化不大,在0.117~0.126 mm/h,峰值出现的具体时间视不同季节和天气状况而定。17:00以后蒸散速率迅速下降。

通过对各日的胡杨林地蒸散速率的积分,得到了胡杨林地蒸散量日际变化趋势

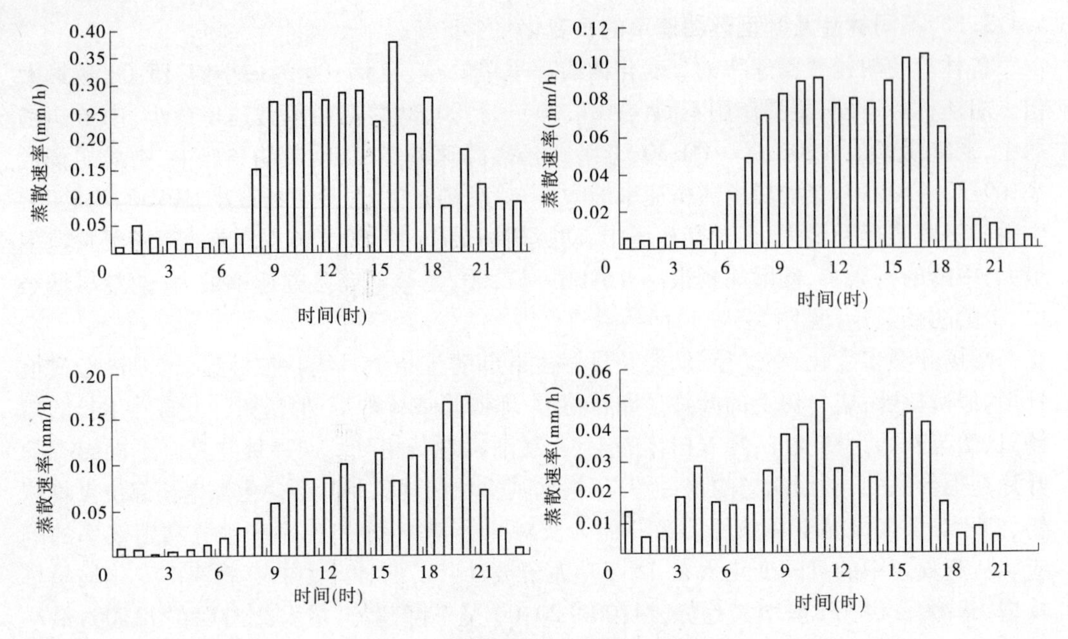

图 5-7　胡杨林地蒸散速率日变化

(见图 5-8)。

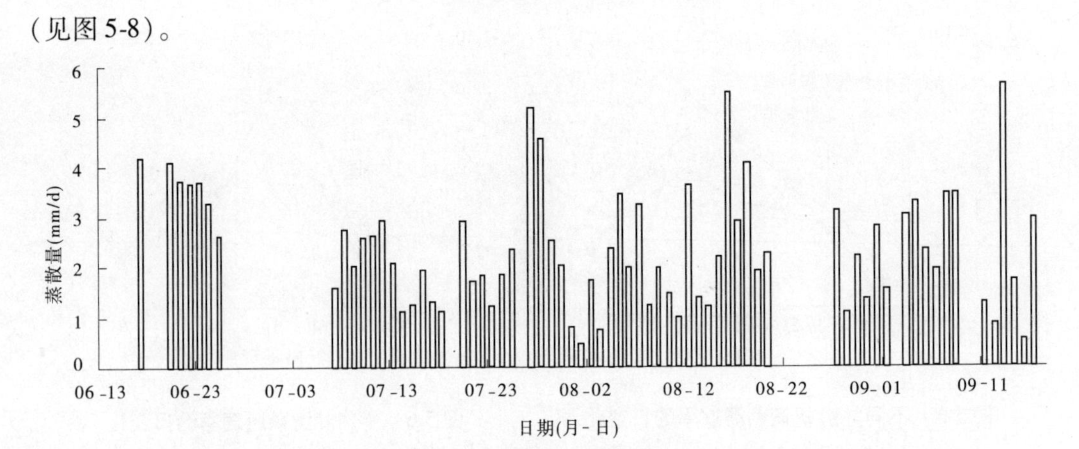

图 5-8　胡杨林地蒸散耗水量日际变化

5.4.3.3　胡杨蒸散与环境因子的关系

蒸散量(ET)的变化,主要取决于影响蒸散的气候因子的日变化和下垫面条件。气候因子主要有:气温(T)、净辐射(Rn)、相对湿度(RH)、风速(v);下垫面条件为土壤温度(t)、土壤热通量(G)等。环境因子对胡杨蒸散日变化的影响见图 5-9。

从胡杨林地蒸散速率与环境因子的关系可以看出,环境因素的影响很大,但其相关系数存在差别。

司建华(2007)拟合的 $T_r(t)$ 函数表达式为(见图 5-10)

$$T_r(t) = 1E - 06t^3 + 0.0004t^2 + 0.0408t - 0.1087 \qquad (5.17)$$

由于 $T_r(t)$ 数据随时间很明显可以分成三个阶段:①1 ~ 45 天;②46 ~ 99 天;③100 ~ 149 天。本书在拟合 $T_r(t)$ 的函数时,进行了分段处理(见本章公式(5.11)和图 5-3),拟

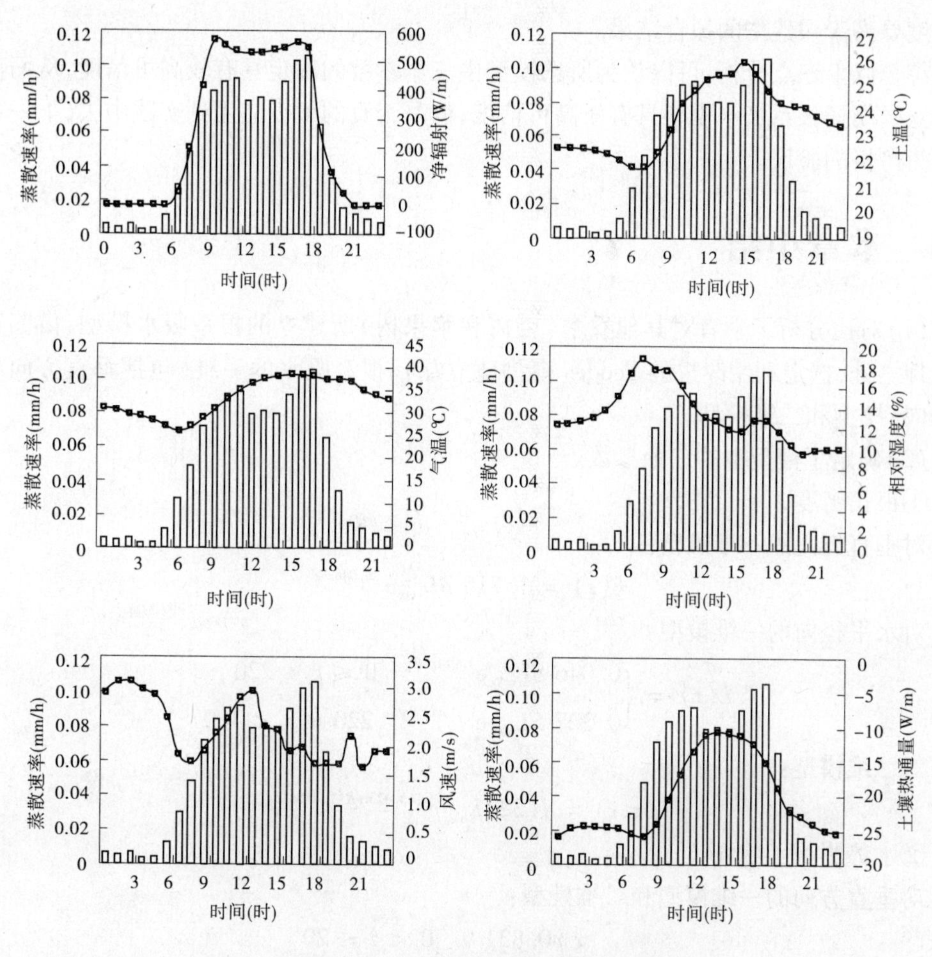

图 5-9　环境因子与胡杨林地蒸散速率日变化的关系

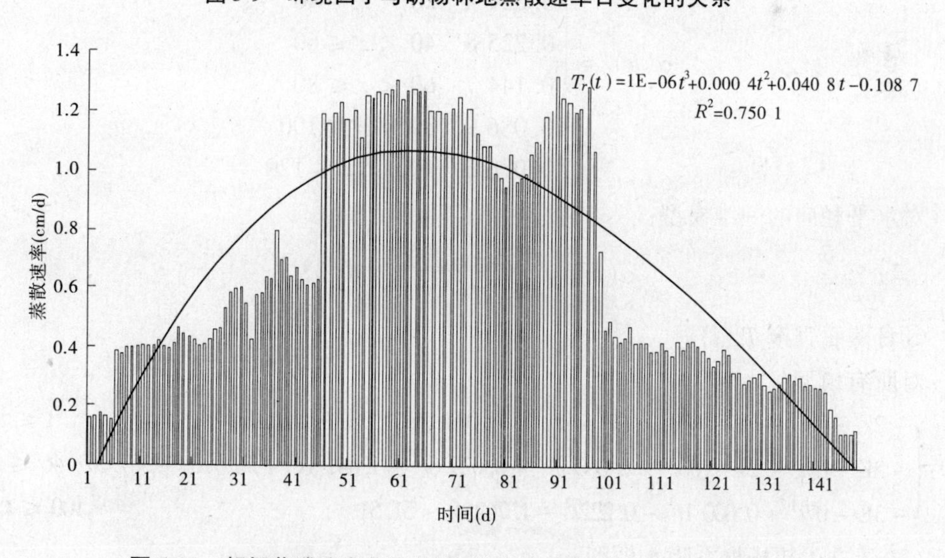

图 5-10　胡杨蒸腾速率曲线(本图摘自司建华博士毕业论文,2007)

合程度要高于司建华的拟合结果。

综合以上三点分析,可以认为所选模型中三个参数的确定具有较高可信度,从而使得所建立的胡杨根系吸水模型具有较高可信度;但是否真的可以应用到实践中去,下一章要作更为严格的验证。

5.5 本章小结

(1)对比分析了学者对其他乔木(杏树和苹果树)所建立的根系吸水模型,借鉴其更为合理之处,选定利用改进的 Feddes 模型建立胡杨根系吸水的一维(包括垂直方向和水平径向)模型和二维模型。

(2)确定了模型中的三个参数。

①根长密度 L。

对垂直方向的一维模型:

$$L(z) = 1.7153L_{\max}e^{-6.048z/Z}$$

对水平径向的一维模型:

$$L(r) = \begin{cases} 0.0468L_{\max}e^{1.914r/R_1} & 0 \leqslant r < 220 \\ 0.3275L_{\max}e^{-1.28r/R_2} & 220 \leqslant r < 400 \end{cases}$$

对二维模型:

$$L(z,r) = 1.324L_{\max}e^{-(5.423r/R+0.215z/Z)}$$

②水势影响函数 $\alpha(h)$。

对垂直方向的一维模型和二维模型:

$$\alpha(h) = \begin{cases} 0.8219 & 0 < z \leqslant 20 \\ 0.6244 & 20 < z \leqslant 40 \\ 0.2258 & 40 < z \leqslant 60 \\ 0.1447 & 60 < z \leqslant 80 \\ 0.0869 & 80 < z \leqslant 100 \\ 0.0783 & 100 < z \leqslant 120 \end{cases}$$

对水平径向的一维模型:

$$\alpha(h) = \frac{1}{6}\sum_{i}^{6}\alpha(h_i) = 0.33$$

③日蒸腾强度 $T_r(t)$。

对所有模型:

$$T_r(t)=\begin{cases} -2E-08t^5+7E-07t^4+8E-05t^3-0.004t^2+0.0663t+0.0346 & 1 \leqslant t \leqslant 45 \\ -5E-09t^6+2E-06t^5-0.0003t^4+0.0296t^3-1.4411t^2+36.913t-387.37 & 46 \leqslant t \leqslant 99 \\ -3E-07t^4+0.0001t^3-0.222t^2+1.7624t-51.51 & 100 \leqslant t \leqslant 149 \end{cases}$$

(3)建立了胡杨根系吸水模型:

垂直方向的一维模型:

$$S(z,t)=\begin{cases}0.067\,5L(z)T_r(t) & 0<z\leqslant 20\\ 0.051\,3L(z)T_r(t) & 20<z\leqslant 40\\ 0.018\,6L(z)T_r(t) & 40<z\leqslant 60\\ 0.011\,9L(z)T_r(t) & 60<z\leqslant 80\\ 0.007\,1L(z)T_r(t) & 80<z\leqslant 100\\ 0.006\,4L(z)T_r(t) & 100<z\leqslant 120\end{cases}$$

水平径向的一维模型：

$$S(r,t)=\begin{cases}0.666\,5e^{1.914r/220}T_r(t) & 0<r\leqslant 220\\ 4.664e^{-1.28r/400}T_r(t) & 220<r\leqslant 400\end{cases}$$

二维模型：

$$S(r,z,t)=\begin{cases}0.485\,5L(r,z)T_r(t) & 0<z\leqslant 20\\ 0.368\,8L(r,z)T_r(t) & 20<z\leqslant 40\\ 0.133\,4L(r,z)T_r(t) & 40<z\leqslant 60\\ 0.085\,5L(r,z)T_r(t) & 60<z\leqslant 80\\ 0.051\,3L(r,z)T_r(t) & 80<z\leqslant 100\\ 0.046\,3L(r,z)T_r(t) & 100<z\leqslant 120\end{cases}$$

(4)对模型中的参数的可靠性进行了分析：三个参数都具有可靠性，其误差是由试验观测中的人为误差和系统误差造成的。

第6章 胡杨根系吸水模型的验证

本章在试验确定基础参数的基础上，将所建立的胡杨根系吸水模型代入有根系吸水条件下的土壤水分运动基本方程，进行差分处理，将方程离散化。通过计算机编程解方程，得到根区土壤水分模拟值，与土壤水分的实测值对比，以验证所建胡杨根系吸水模型的可靠性；进而对模型进行评价，提出改进方案。

6.1 模型验证原理

根据土壤水分运动原理，有根系吸水条件下的土壤水分运动基本方程为

$$\frac{\partial \theta}{\partial t} = \frac{\partial}{\partial z}\left[D(\theta)\frac{\partial \theta}{\partial z}\right] - \frac{\partial K(\theta)}{\partial z} - S(z,t) \tag{6.1}$$

$$\theta(z,t)\big|_{t=0} = \theta_0(z) \tag{6.2a}$$

$$\left[-D(\theta)\frac{\partial \theta}{\partial z} + K(\theta)\right]\Big|_{z=0} = -E_t(t) \tag{6.2b}$$

$$\theta(z,t)\big|_{z=d} = \theta_0(d) \tag{6.2c}$$

式中：θ 为土壤体积含水量，cm^3/cm^3；$S(z,t)$ 为根系吸水强度，即单位时间内根系从单位体积土壤中吸收的水量，1/d；z 为深度，cm；$D(\theta)$ 为土壤水扩散率，cm^2/d；$K(\theta)$ 为非饱和土壤导水率，cm/d；$E_t(t)$ 为 t 时段的土壤蒸发速率，cm/d。

在以上方程组中，$D(\theta)$、$K(\theta)$ 和 $E_t(t)$ 可以通过试验确定，$S(z,t)$ 为本书模拟的根系吸水函数。求解方程组，得到土壤含水率 θ，即模拟值。将此模拟值与土壤含水率的实测值对比，以验证本书所建根系吸水模型 $S(z,t)$ 是否合理。

6.2 土壤水分运动基本方程中基础数据的确定

由于

$$K(\theta) = C(\theta)D(\theta) \tag{6.3}$$

所以要确定非饱和土壤导水率 $K(\theta)$，须先确定比水容 $C(\theta)$ 和非饱和土壤扩散率 $D(\theta)$。

6.2.1 比水容的确定

土壤水分特征曲线斜率的倒数即单位基质势的变化引起的含水量变化，称为比水容，记为 $C(\theta)$。它是分析土壤水分保持和运动用到的重要参数之一。在上一章已经确定了额济纳胡杨林地的土壤水分特征曲线：

$$s = 4.038\,3\theta^{-1.362\,3} \tag{6.4}$$

利用比水容的定义：

$$C(\theta) = -\frac{\mathrm{d}\theta}{\mathrm{d}s} \tag{6.5}$$

可得额济纳胡杨林地土壤水分的比水容：

$$C(\theta) = 0.181\ 8\theta^{2.362\ 3} \tag{6.6}$$

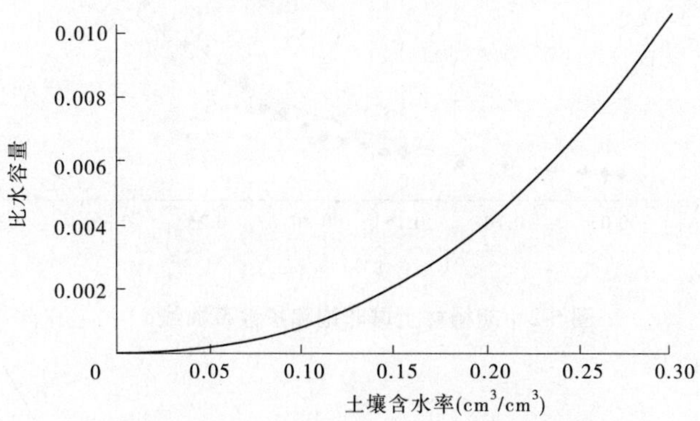

图 6-1　胡杨林地土壤水分比水容量

6.2.2　非饱和土壤水扩散率的确定

采用水平土柱渗吸法测定土壤水扩散率 $D(\theta)$，所测数据见表 6-1。

表 6-1　胡杨林地土壤水扩散率 $D(\theta)$ 实测数据

θ (cm³/cm³)	$D(\theta)$ (cm²/min)	θ (cm³/cm³)	$D(\theta)$ (cm²/min)	θ (cm³/cm³)	$D(\theta)$ (cm²/min)
0.04	1.305 6	0.17	2.452 8	0.24	5.224 3
0.05	1.395 8	0.18	2.522 2	0.25	6.381 9
0.06	1.431 9	0.19	2.784 7	0.26	6.665 3
0.10	1.558 3	0.20	3.150 0	0.27	7.205 6
0.12	1.704 9	0.21	3.731 3	0.28	8.286 8
0.15	2.088 2	0.22	3.937 5	0.29	9.861 1
0.16	2.165 3	0.23	4.966 7	0.30	12.125 0

根据以上数据，拟合胡杨林地土壤水扩散率 $D(\theta)$ 的函数表达（见图 6-2）：

$$D(\theta) = 0.704\ 1\mathrm{e}^{8.406\ 2\theta} \quad R^2 = 0.930\ 6 \tag{6.7}$$

因为以上试验中 $D(\theta)$ 的单位为 cm²/min，转化为 cm²/d，则上式变为

$$D(\theta) = 1\ 010.016\mathrm{e}^{8.406\ 2\theta} \tag{6.8}$$

6.2.3　非饱和土壤导水率的确定

非饱和土壤导水率 $K(\theta)$ 可由公式（6.3）求得（见图 6-3）：

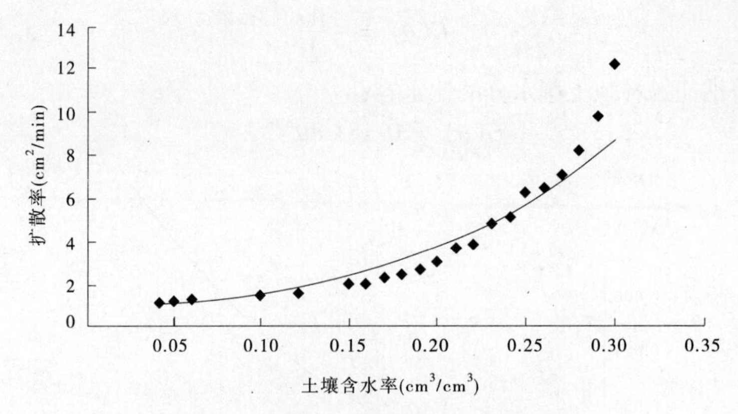

图 6-2　胡杨林土壤非饱和扩散率曲线

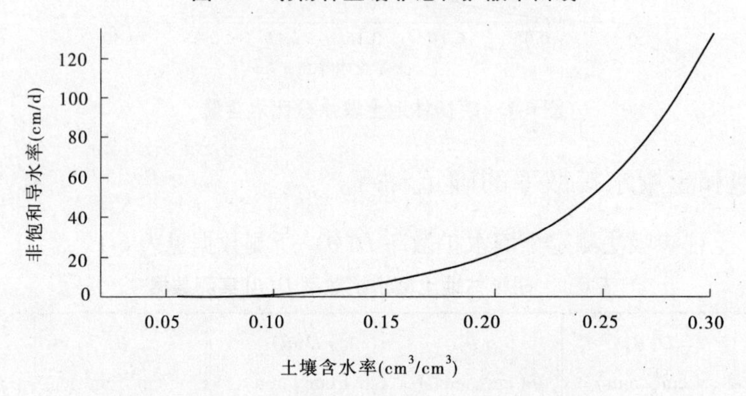

图 6-3　胡杨林地土壤非饱和导水率曲线

$$K(\theta) = 183.593\,3\theta^{2.362\,3}e^{8.406\,2\theta} \tag{6.9}$$

6.2.4　土壤含水率的确定

2007 年 6 月至 7 月,试验观测了额济纳胡杨林所选胡杨根区土壤水分的动态数据,以此作为吸水模型验证试验的基础数据。

6.2.5　植株蒸腾的确定

在上一章已将实测胡杨蒸腾数据进行了拟合,得到胡杨日蒸腾速率 $T_r(t)$:

$$T_r(t)=\begin{cases} -2E-08t^5+7E-07t^4+8E-05t^3-0.004t^2+0.066\,3t+0.034\,6 & 1 \leqslant t \leqslant 45 \\ -5E-09t^6+2E-06t^5-0.000\,3t^4+0.029\,6t^3-1.441\,1t^2+36.913t-387.37 & 46 \leqslant t \leqslant 99 \\ -3E-07t^4+0.000\,1t^3-0.222t^2+1.762\,4t-51.51 & 100 \leqslant t \leqslant 149 \end{cases} \tag{6.10}$$

6.2.6　棵间地表蒸发确定

用微型蒸渗仪测定的胡杨树棵间地表蒸发试验数据如表 6-2 所示。

表 6-2　06-22～07-30 胡杨棵间地表蒸发量　（单位：cm/d）

日期（月-日）	蒸发量	日期（月-日）	蒸发量	日期（月-日）	蒸发量
06-22	0.24	07-05	0.18	07-18	0.29
06-23	0.21	07-06	0.20	07-19	0.26
06-24	0.18	07-07	0.21	07-20	0.18
06-25	0.22	07-08	0.22	07-21	0.27
06-26	0.20	07-09	0.18	07-22	0.29
06-27	0.19	07-10	0.19	07-23	0.25
06-28	0.24	07-11	0.23	07-24	0.24
06-29	0.29	07-12	0.22	07-25	0.22
06-30	0.28	07-13	0.21	07-26	0.29
07-01	0.21	07-14	0.22	07-27	0.24
07-02	0.23	07-15	0.20	07-28	0.25
07-03	0.20	07-16	0.31	07-29	0.27
07-04	0.22	07-17	0.32	07-30	0.28

根据表 6-2 数据绘制胡杨棵间地表蒸发量折线图（见图 6-4）。

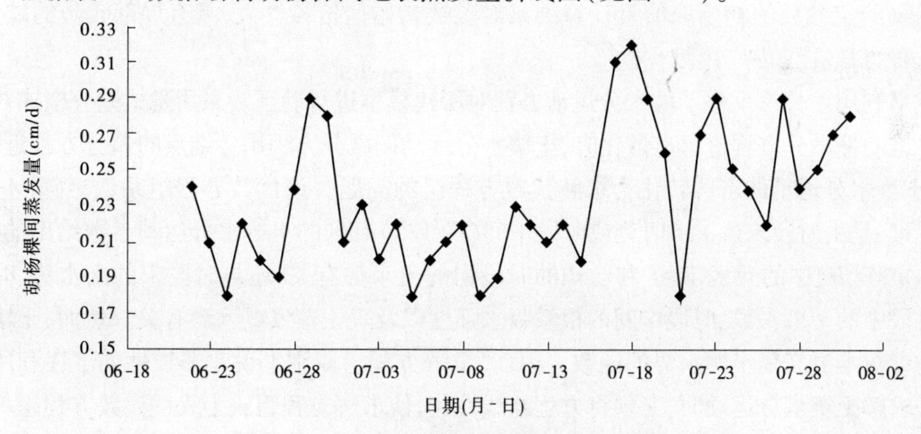

图 6-4　胡杨棵间地表蒸发量折线图

拟合胡杨棵间地表蒸发量随时间变化的函数（见图 6-5）。

$$E_t(t) = 1E - 08t^6 - 0.0022t^5 + 208.23t^4 - 1E + 07t^3 + 3E + 11t^2 - 5E + 15t + 3E + 19 \quad (6.11)$$

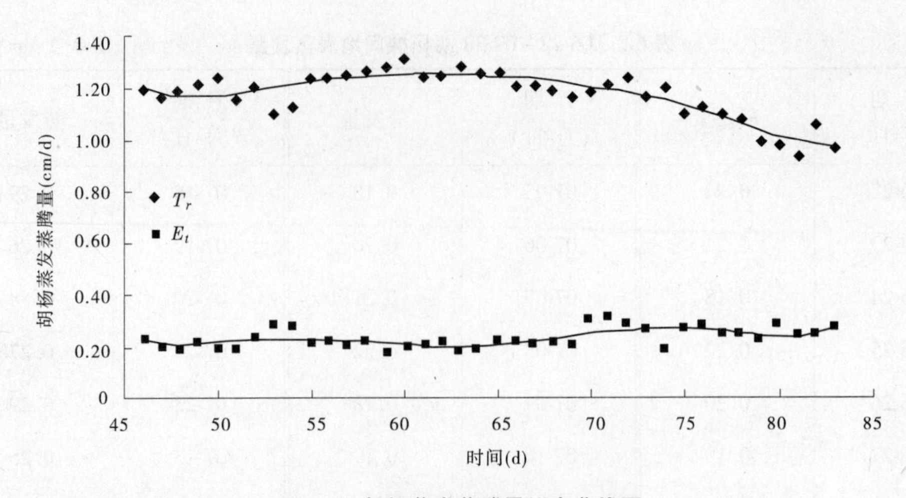

图 6-5 胡杨蒸发蒸腾量拟合曲线图

6.3 模型的验证

用土壤水分动态反求根系吸水强度不需测定根系密度，工作强度小，实际中应用非常广泛。用土壤水分动态反求根系吸水强度通常采用：①差分法反解土壤水分运动方程，该方程的强非线性和不适定性使得这类反问题的求解对时间步长和空间步长有很大依赖性。②数值迭代算法求解根系吸水模型，该方法有效地克服了前述困难，取得较高求解精度。③直接采用优化算法来估计根系吸水模型参数，求解精度很大程度上依赖于优化算法的优化能力，当前主要采用 Levenberg - Marquardt 优化算法求解，该算法收敛速度快，但是需要给定参数的初始取值且计算结果对参数初始值依赖性大，具有局部收敛的缺点，目前此种方法在国内应用较少。

本书利用差分法反解土壤水分运动方程对所建模型进行验证。采用隐式差分格式对土壤水分运动偏微分方程进行离散化时，土壤水分运动偏微分方程用各结点的差分方程近似。于是，土壤水分运动的求解转化为求解代数方程组的问题。该代数方程组系数矩阵[A]中的各元素，是由时段末($i+1$)时刻或时段中间($i+1/2$)时刻的土壤水分运动参数给出的；常数项列矩阵[H]中的元素，除了和已知的时段初的土水势有关，还与时段末的土水势、时段末或时段中的土壤参数、时段中间的根系吸水强度以及表土蒸发或入渗有关。然而，土壤水分运动参数本身又是土壤水势的函数。因而，求解方程组原则上说是非线性的。在利用离散解法求解土壤水分运动时，必须将方程组线性化，使求解方程组成为线性代数方程组。目前常用的线性化方法有显式线性化法、预报校正法和迭代法。其中，迭代法因迭代计算的误差可控制，求得的结果较逼近实际，而且一般可允许选用较大的时间步长。因此，本书选用迭代法对与时间有关的参数进行线性化处理。迭代法的具体内容如下：

采用此方法时，首先需要假定本时段土壤水分运动参数的计算值，一般可简单取时段初的参数值或时段中间参数的预报值。然后，按所选格式（隐式差分格式）解方程组，求得时段末各结点土壤含水率的第一次迭代值。根据此值求得土壤水分运动参数以及根系吸水强度的校正值。以此校正值作为下一次计算的预报值,然后解方程组可得时段末各结点土水势的第二次迭代值。重复上述步骤,直到各结点前后两次迭代计算所得土水势之差小于所规定的允许误差为止。即应满足:

$$\max\left|\frac{\theta_j^{(p)}-\theta_j^{(p-1)}}{\theta_j^{(p-1)}}\right|\leqslant\varepsilon \tag{6.12}$$

式中:p 为迭代计算次数;ε 为允许的相对误差。

除了上述方程线性化问题,求解方程组时还须考虑结点间参数如何取值的问题。差分方程中出现的土壤水分运动参数或其他参数常常不是结点处的值,而是两结点之间的参数值,如 $K_{j+\frac{1}{2}}^{i+1}$、$C_j^{i-\frac{1}{2}}$ 等。由于土壤水分运动参数随土水势的变化较大,且一般不是线性关系,因此需选取合适的插值方法。常用的插值方法有:①取两结点参数的算术平均值;②取两结点参数的调和平均值;③取两结点参数的几何平均值;④取两结点处土水势的算术平均值,然后算出相应的参数值;⑤取两结点处土水势的调和平均值,然后算出相应的参数值;⑥取两结点处土水势的几何平均值,然后算出相应的参数值;⑦由 i、$i\pm1/2$ 和 $i\pm1$ 三个结点处的参数值取平均,故又称三点法;⑧根据土壤水分运动参数与土水势的简单函数表达式,采用积分然后再平均的方法求两结点中间处的参数值;⑨由邻近结点的参数代替。

$i\pm1$ 的计算除了以上所列方法,两结点中间的参数取值还可以有其他处理方法。究竟采用哪一种参数取值方法,最好由实践检验确定。一般来说,用三点法或几何平均法的效果较好。本书采用几何平均法来确定两结点间的参数取值。如:$K_{j\pm\frac{1}{2}}^{i+1}=\sqrt{K_j^{i+1}K_{j\pm1}^{i+1}}$,$D_j^{i\pm\frac{1}{2}}=\sqrt{D_j^iD_j^{i\pm1}}$,其他参数处理与之类似。

本书所有具体计算利用数学软件 Maple9.5 编程来完成。Maple 是一个具有强大符号运算能力、数值计算能力、图像处理能力的交互式计算机代数系统。数学软件 Maple 是由加拿大 Waterloo 大学的符号计算机研究小组开发的。1985 年 Maple1 正式发行;1992 年 Windows 系统下的 Maple2 面世后,Maple 被广泛使用;1994 年,Maple3 出版后,Maple 被越来越多的人接受和使用,成为与 Mathematical 和 Matlab 齐名的三大数学软件之一。目前,广泛流行的是 Maple9.5。

6.3.1 一维垂向模型的验证

将区域($0\leqslant z\leqslant Z,0\leqslant t\leqslant T$)按矩形方式剖分,$\Delta z=20$ cm,$\Delta t=1$ d。对任一内节点,按隐式差分格式写出式(6.1)的差分方程如下:

$$\frac{\theta_i^{j+1}-\theta_i^j}{\Delta t}=\frac{D_{i+1/2}^{j+1}(\theta_{i+1}^{j+1}-\theta_i^{j+1})-D_{i-1/2}^{j+1}(\theta_i^{j+1}-\theta_{i-1}^{j+1})}{(\Delta z)^2}-\frac{(K_{i+1}^{j+1}+K_i^{j+1})-(K_i^{j+1}+K_{i-1}^{j+1})}{2(\Delta z)}-S_i^{j+1/2} \tag{6.13}$$

令 $r_1=\Delta t/(\Delta z)^2$,$r_2=\Delta t/2(\Delta z)$,上式整理可得

$$-r_1 D_{i-1/2}^{j+1}\theta_{i-1}^{j+1} + [1 + r_1(D_{i-1/2}^{j+1} + D_{i+1/2}^{j+1})]\theta_i^{j+1} - r_1 D_{i+1/2}^{j+1}\theta_{i+1}^{j+1}$$
$$= \theta_i^j - r_2(K_{i+1}^{j+1} - K_{i-1}^{j+1}) - \Delta t S_i^{j+1/2} \quad (i = 0,1,2,\cdots,n-1) \tag{6.14}$$

上式还可写为

$$a_i\theta_{i-1}^{j+1} + b_i\theta_i^{j+1} + c_i\theta_{i+1}^{j+1} = h_i \quad (i = 0,1,2,\cdots,n-1) \tag{6.15}$$

式中

$$a_i = r_1 D_{i-1/2}^{j+1} \tag{6.16a}$$

$$b_i = 1 + r_1(D_{i-1/2}^{j+1} + D_{i+1/2}^{j+1}) \tag{6.16b}$$

$$c_i = -r_1 D_{i+1/2}^{j+1} \quad (i = 0,1,2,\cdots,n-1) \tag{6.16c}$$

$$h_i = \theta_i^j - r_2(K_{i+1}^{j+1} - K_{i-1}^{j+1}) - \Delta t S_i^{j+1/2} \quad (i = 1,2,\cdots,n-2) \tag{6.16d}$$

在地表边界处棵间蒸发速率已知的情况下，在 $z=0$ 的边界，由式(6.2b)再补充一个差分方程，在边界节点 $i=0$ 处列差分方程，$\partial\theta/\partial z$ 取向前差分，则由式(6.2b)得到

$$-D_0^{j+1}\frac{\theta_1^{j+1} - \theta_0^{j+1}}{\Delta z} + K_0^{j+1} = -E_t^{j+1/2} \tag{6.17}$$

式中：D_0^{j+1}、K_0^{j+1} 分别为 $D(\theta_0^{j+1})$ 和 $K(\theta_0^{j+1})$；$E_t^{j+1/2}$ 为时段 j 到 $j+1$ 内的平均棵间蒸发速率。

式(6.17)也可写为

$$b_0\theta_0^{j+1} + c_0\theta_1^{j+1} = h_0 \tag{6.18a}$$

其中

$$b_0 = D_0^{j+1}/\Delta z \tag{6.18b}$$

$$c_0 = -b_0 \tag{6.18c}$$

$$h_0 = -E_s^{j+1/2} - K_0^{j+1} \tag{6.18d}$$

式(6.18a)即为求解的方程组中的第一个方程。

当 $i=n-1$ 时，差分方程(6.14)表述为

$$a_{n-1}\theta_{n-2}^{j+1} + b_{n-1}\theta_{n-1}^{j+1} = h_{n-1} \tag{6.19}$$

其中

$$h_{n-1} = [\theta_{n-1}^j - r_2(K_n^{j+1} - K_{n-2}^{j+1})] - c_{n-1}\theta_n - \Delta t S_{n-1}^{j+1/2} \tag{6.20}$$

式中：$K_n^{j+1} = K(\theta_0)$，$S_{n-1}^{j+1/2}$ 表示时段内的平均根系吸水速率。

因此，要根据时段初已知的土壤含水量求时段末各节点的含水量，必须联立求解如下代数方程组

$$\begin{bmatrix} b_0 & c_0 & & & & 0 \\ a_1 & b_1 & c_1 & & & \\ & a_2 & b_2 & c_2 & & \\ & \vdots & \vdots & \vdots & \vdots & \\ & & & a_{n-2} & b_{n-2} & c_{n-2} \\ 0 & & & & a_{n-1} & b_{n-1} \end{bmatrix} \begin{bmatrix} \theta_0^{j+1} \\ \theta_1^{j+1} \\ \theta_2^{j+1} \\ \vdots \\ \theta_{n-2}^{j+1} \\ \theta_{n-1}^{j+1} \end{bmatrix} = \begin{bmatrix} h_0 \\ h_1 \\ h_2 \\ \vdots \\ h_{n-2} \\ h_{n-1} \end{bmatrix} \tag{6.21}$$

采用追赶法求解该方程组。求解过程由消元和回代两个过程组成。

消元过程如下：

设

$$y_0 = h_0/b_0, \eta_0 = c_0/b_0 \tag{6.22}$$

$$y_i = \frac{h_i - a_i y_{i-1}}{b_i - a_i \eta_{i-1}} \quad (i = 1,2,\cdots,n-2) \tag{6.23a}$$

$$\eta_i = \frac{c_i}{b_i - a_i \eta_{i-1}} \tag{6.23b}$$

由求解方程组的第一式解出 $\theta_0 = y_0 - \eta_0\theta_1$，将此结果代入第二式，进行消元解出 $\theta_1 = y_1 - \eta_1\theta_2$，直到解出 $\theta_{n-2} = y_{n-2} - \eta_{n-2}\theta_{n-1}$，将此结果代入求解方程组的最后一式，便可解出 θ_{n-1}，上述消元过程所得结果如下：

$$\theta_0 = y_0 - \eta_0\theta_1 \tag{6.24a}$$

$$\theta_1 = y_1 - \eta_1\theta_2 \tag{6.24b}$$

$$\theta_i = y_i - \eta_i\theta_{i+1} \tag{6.24c}$$

$$\theta_{n-2} = y_{n-2} - \eta_{n-2}\theta_{n-1} \tag{6.24d}$$

$$\theta_{n-1} = \frac{h_{n-1} - a_{n-1}y_{n-2}}{b_{n-1} - a_{n-1}\eta_{n-2}} \tag{6.24e}$$

回代过程则根据消元结果，由式(6.24e)计算出 θ_{n-1}后，自上而下地解出 $\theta_{n-2},\cdots,\theta_2,\theta_1$，直至求得 θ_0 为止。需要注意的是，在计算时 K 和 D 在空间上取上下两节点的几何平均，在时间上取其前后两节点的算术平均。

计算流程图如图 6-6 所示。

6.3.2 一维水平径向模型的验证

根据土壤水运动原理，有根系吸水条件下的一维土壤水分运动基本方程在柱坐标下的形式为

$$\frac{\partial\theta}{\partial t} = \frac{1}{r}\frac{\partial}{\partial r}\left[rD(\theta)\frac{\partial\theta}{\partial r}\right] - S(r,t) \tag{6.25}$$

$$\theta(r,t)\big|_{t=0} = \theta_0(r) \tag{6.26a}$$

$$-\frac{1}{r}D(\theta)\frac{\partial\theta}{\partial r}\bigg|_{r=0} = -E_t(t) \tag{6.26b}$$

$$\theta(r,t)\big|_{r=R} = \theta_0(R) \tag{6.26c}$$

式中：$S(r,t)$为根系吸水强度，即单位时间内根系从单位体积土壤中吸收的水量，单位为 1/d；r 为距树干的水平径向距离；其他符号意义同前。

将区域($0 \leqslant r \leqslant R, 0 \leqslant t \leqslant T$)按矩形方式剖分，$\Delta r = 40$ cm，$\Delta t = 1$ d。对任一内节点，按隐式差分格式写出式(6.25)的差分方程如下：

$$\frac{\theta_i^{j+1} - \theta_i^j}{\Delta t} = \frac{D_{i+1/2}^{j+1}(\theta_{i+1}^{j+1} - \theta_i^{j+1}) - D_{i-1/2}^{j+1}(\theta_i^{j+1} - \theta_{i-1}^{j+1})}{(\Delta r)^2} +$$

$$\frac{1}{i\Delta r}D_i^{j+1}\frac{(\theta_{i+1}^{j+1} + \theta_i^{j+1}) - (\theta_i^{j+1} + \theta_{i-1}^{j+1})}{2(\Delta r)} - S_i^{j+1/2} \tag{6.27}$$

令 $u_1 = \Delta t/(\Delta r)^2$，上式整理可得

$$(2u_1 D_{i-1/2}^{j+1} - u_1 D_i^{j+1}/i)\theta_{i-1}^{j+1} - [1 + 2u_1(D_{i-1/2}^{j+1} + D_{i+1/2}^{j+1})]\theta_i^{j+1} +$$

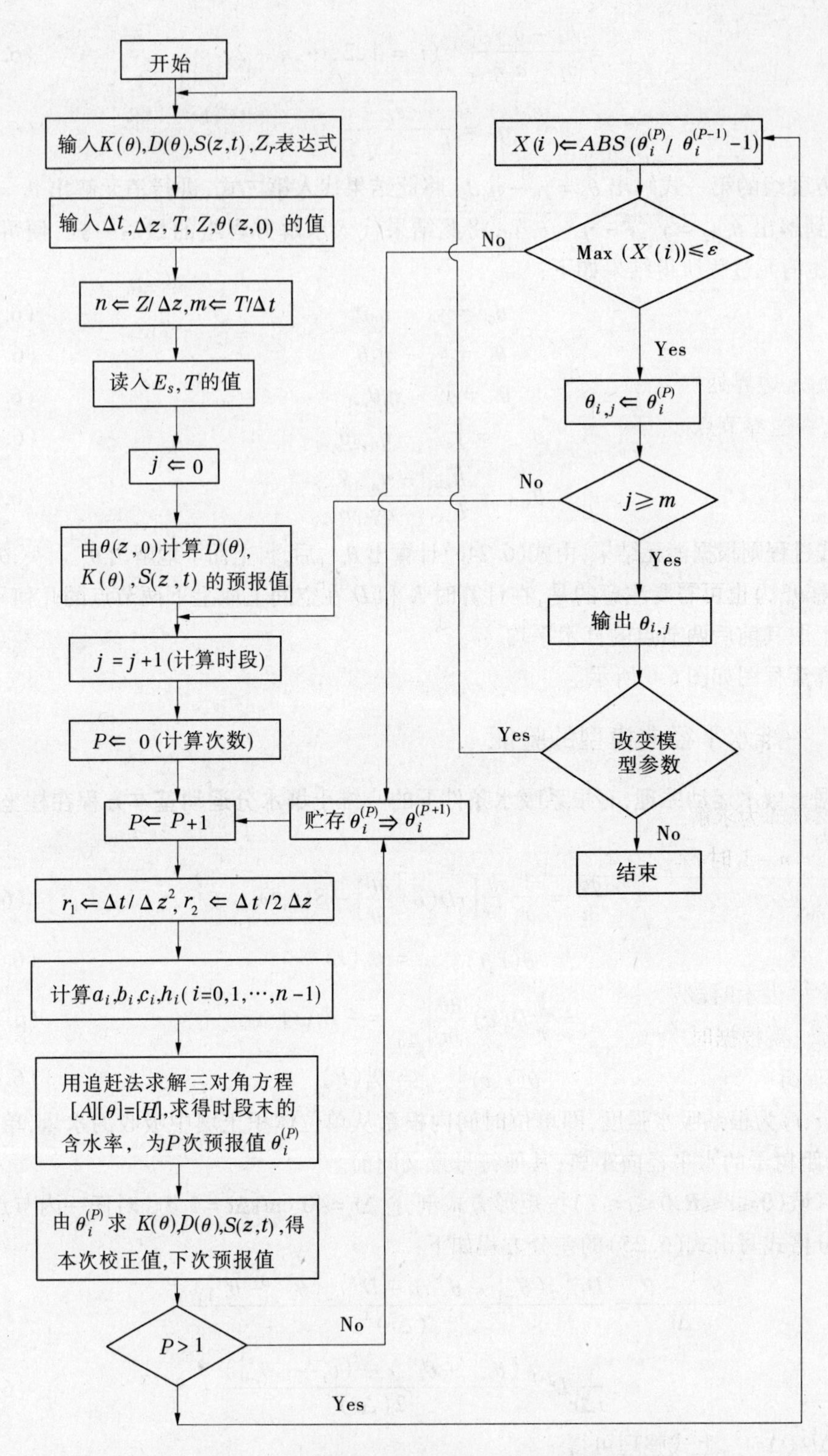

图 6-6 胡杨根系土壤水运动(一维)模拟流程

$$(2u_1 D_{i+1/2}^{j+1} + u_1 D_i^{j+1}/i)\theta_{i+1}^{j+1} = -\theta_i^j + \Delta t S_i^{j+1/2} \quad (i = 0,1,2,\cdots,n-1) \tag{6.28}$$

上式还可写为

$$a_i\theta_{i-1}^{j+1} + b_i\theta_i^{j+1} + c_i\theta_{i+1}^{j+1} = h_i \quad (i = 0,1,2,\cdots,n-1) \tag{6.29}$$

式中

$$a_i = 2u_1 D_{i-1/2}^{j+1} - u_1 D_i^{j+1}/i \tag{6.30a}$$

$$b_i = -1 - 2u_1(D_{i-1/2}^{j+1} + D_{i+1/2}^{j+1}) \tag{6.30b}$$

$$c_i = 2u_1 D_{i+1/2}^{j+1} + u_1 D_i^{j+1}/i \quad (i = 0,1,2,\cdots,n-1) \tag{6.30c}$$

$$h_i = -\theta_i^j + \Delta t S_i^{j+1/2} \quad (i = 1,2,\cdots,n-2) \tag{6.30d}$$

在地表边界处棵间蒸发速率已知的情况下，在 $r=0$ 的边界，式(6.26b)再补充一个差分方程，在边界节点 $i=0$ 处列差分方程，$\partial\theta/\partial r$ 取向前差分，则由(6.26b)得到

$$D_0^{j+1}\frac{\theta_1^{j+1} - \theta_0^{j+1}}{i(\Delta r)^2} = E_t^{j+1/2} \tag{6.31}$$

式中：D_0^{j+1} 为 $D(\theta_0^{j+1})$；$E_t^{j+1/2}$ 为时段 j 到 $j+1$ 内的平均棵间蒸发速率。

式(6.31)也可写为

$$b_0\theta_0^{j+1} + c_0\theta_1^{j+1} = h_0 \tag{6.32a}$$

其中

$$b_0 = D_0^{j+1}/i(\Delta r)^2 \tag{6.32b}$$

$$c_0 = -b_0 \tag{6.32c}$$

$$h_0 = E_t^{j+1/2} \tag{6.32d}$$

式(6.32a)即为求解的方程组中的第一个方程。

当 $i=n-1$ 时，差分方程(6.29)表述为

$$a_{n-1}\theta_{n-2}^{j+1} + b_{n-1}\theta_{n-1}^{j+1} = h_{n-1} \tag{6.33}$$

其中

$$h_{n-1} = \Delta t S_{n-1}^{j+1/2} - \theta_{n-1}^j - (u_1 D_n^{j+1} - u_2 D_{n-1}^{j+1})\theta_n^{j+1} \tag{6.34}$$

式中：$S_{n-1}^{j+1/2}$ 表示时段内的平均根系吸水速率。

因此，要根据时段初已知的土壤含水量求时段末各节点的含水量，必须联立求解如下代数方程组

$$\begin{bmatrix} b_0 & c_0 & & & & 0 \\ a_1 & b_1 & c_1 & & & \\ & a_2 & b_2 & c_2 & & \\ & & \vdots & \vdots & \vdots & \\ & & & a_{n-2} & b_{n-2} & c_{n-2} \\ 0 & & & & a_{n-1} & b_{n-1} \end{bmatrix} \begin{bmatrix} \theta_0^{j+1} \\ \theta_1^{j+1} \\ \theta_2^{j+1} \\ \vdots \\ \theta_{n-2}^{j+1} \\ \theta_{n-1}^{j+1} \end{bmatrix} = \begin{bmatrix} h_0 \\ h_1 \\ h_2 \\ \vdots \\ h_{n-2} \\ h_{n-1} \end{bmatrix} \tag{6.35}$$

采用追赶法求解该方程组。

同样，选用迭代法对与时间有关的参数进行线性化处理；具体计算利用数学软件Maple9.5编程来完成；流程图与垂直方向模型一致，只是参数具体内容发生了变化。

6.3.3 二维模型的验证

建立以 z 轴为轴的柱坐标系的，有根系吸水条件下的土壤水运动的基本方程：

$$\frac{\partial\theta}{\partial t}=\frac{1}{r}\frac{\partial}{\partial r}\left[rD(\theta)\frac{\partial\theta}{\partial r}\right]+\frac{1}{r^2}\frac{\partial}{\partial\varphi}\left[D(\theta)\frac{\partial\theta}{\partial\varphi}\right]+\frac{\partial}{\partial z}\left[D(\theta)\frac{\partial\theta}{\partial z}\right]-\frac{\partial K(\theta)}{\partial z}-S(r,z,t) \tag{6.36}$$

将以上方程简化为

$$\frac{\partial\theta}{\partial t}=\frac{1}{r}\frac{\partial}{\partial r}\left[rD(\theta)\frac{\partial\theta}{\partial r}\right]+\frac{\partial}{\partial z}\left[D(\theta)\frac{\partial\theta}{\partial z}\right]-\frac{\partial K(\theta)}{\partial z}-S(r,z,t) \tag{6.37}$$

其初始条件和边界条件为

$$\theta(r,z,0)=\theta_0(r,z)\quad 0\leqslant z\leqslant z_m,0\leqslant r\leqslant r_m \tag{6.38a}$$

$$D(\theta)\frac{\partial\theta}{\partial z}+K(\theta)\bigg|_{z=0}=-E_t(t) \tag{6.38b}$$

$$\frac{\partial\theta}{\partial r}=0\quad r=0\text{ 或 }r=r_m \tag{6.38c}$$

$$D(\theta)\frac{\partial\theta}{\partial z}+K(\theta)\bigg|_{z=z_m}=-E_t(t) \tag{6.38d}$$

采用交替隐式差分的方法对方程(6.37)求解，空间步长($\Delta r\times\Delta z$)为 40 cm×20 cm，时间步长(Δt)为 1 d。采用迭代法进行线性化处理，前后两次相对误差 ε 取 0.01，采用追赶法求解所形成的线性方程组。详细的求解过程如下。

求解域分成空间网格($\Delta r\times\Delta z$)和时间步长(Δt)，节点用 (i,j,n)代表，$i=1,2,3,\cdots,I,I+1;j=1,2,3,\cdots,J,J+1;n=1,2,3,\cdots,N,N+1$。

(1)z 方向显式差分和 r 方向隐式差分：

$$\frac{\theta_{i,j}^{k+1/2}-\theta_{i,j}^{k}}{\Delta t}=\frac{D_{i+1/2,j}^{k+1/2}(\theta_{i+1,j}^{k+1/2}-\theta_{i,j}^{k+1/2})-D_{i-1/2,j}^{k+1/2}(\theta_{i,j}^{k+1/2}-\theta_{i-1,j}^{k+1/2})}{(\Delta r)^2}+\frac{D_{i,j}^{k+1/2}}{i\Delta r}\frac{\theta_{i+1,j}^{k+1/2}-\theta_{i,j}^{k+1/2}}{2\Delta r}+\frac{D_{i,j+1/2}^{k}(\theta_{i,j+1}^{k}-\theta_{i,j}^{k})-D_{i,j-1/2}^{k}(\theta_{i,j}^{k}-\theta_{i,j-1}^{k})}{(\Delta z)^2}-\frac{K_{i,j+1}^{k}-K_{i,j-1}^{k}}{2\Delta z}-S_{i,j}^{k} \tag{6.39}$$

令 $u_1=\dfrac{\Delta t}{2(\Delta r)^2},u_2=\dfrac{\Delta t}{2(\Delta z)^2},u_3=\dfrac{\Delta t}{2\Delta z}$，则式(6.39)变为

$$\begin{aligned}(-2u_1D_{i-1/2,j}^{k+1/2}+u_1D_{i,j}^{k+1/2}/i)\theta_{i-1,j}^{k+1/2}&+(1+2u_1D_{i+1/2,j}^{k+1/2}+2u_1D_{i-1/2,j}^{k+1/2})\theta_{i,j}^{k+1/2}\\&+(-2u_1D_{i+1/2,j}^{k+1/2}-u_1D_{i,j}^{k+1/2}/i)\theta_{i+1,j}^{k+1/2}\\&=2D_{i,j+1/2}^{k}\theta_{i,j+1}^{k}+(1-2u_2D_{i,j+1/2}^{k}-2u_2D_{i,j-1/2}^{k})\theta_{i,j}^{k}+\\&\quad 2u_2D_{i,j-1/2}^{k}\theta_{i,j-1}^{k}-u_3(K_{i,j+1}^{k}-K_{i,j-1}^{k})-S_{i,j}^{k}\Delta t\end{aligned} \tag{6.40}$$

再设

$$a_{ij}=-2u_1D_{i-1/2,j}^{k+1/2}+u_1D_{i,j}^{k+1/2}/i \tag{6.41a}$$

$$b_{ij} = 1 + 2u_1 D^{k+1/2}_{i+1/2,j} + 2u_1 D^{k+1/2}_{i-1/2,j} \tag{6.41b}$$

$$c_{ij} = -2u_1 D^{k+1/2}_{i+1/2,j} - u_1 D^{k+1/2}_{i,j}/i \tag{6.41c}$$

$$f_{ij} = 2D^{k}_{i,j+1/2}\theta^{k}_{i,j+1} + (1 - 2u_2 D^{k}_{i,j+1/2} - 2u_2 D^{k}_{i,j-1/2})\theta^{k}_{i,j} + 2u_2 D^{k}_{i,j-1/2}\theta^{k}_{i,j-1} - u_3(K^{k}_{i,j+1} - K^{k}_{i,j-1}) - S^{k}_{i,j}\Delta t \tag{6.41d}$$

则式(6.40)可写成:

$$a_{ij}\theta^{k+1/2}_{i-1,j} + b_{ij}\theta^{k+1/2}_{i,j} + c_{ij}\theta^{k+1/2}_{i+1,j} = f_{ij} \tag{6.42}$$

(2)r 方向显式差分和 z 方向隐式差分:

$$\frac{\theta^{k+1}_{i,j} - \theta^{k+1/2}_{i,j}}{\Delta t} = \frac{D^{k+1/2}_{i+1/2,j}(\theta^{k+1/2}_{i+1,j} - \theta^{k+1/2}_{i,j}) - D^{k+1/2}_{i-1/2,j}(\theta^{k+1/2}_{i,j} - \theta^{k+1/2}_{i-1,j})}{(\Delta r)^2} + \frac{D^{k+1/2}_{i,j}}{i\Delta r}\frac{\theta^{k+1/2}_{i+1,j} - \theta^{k+1/2}_{i,j}}{2\Delta r} + \frac{D^{k+1}_{i,j+1/2}(\theta^{k+1}_{i,j+1} - \theta^{k+1}_{i,j}) - D^{k+1}_{i,j-1/2}(\theta^{k+1}_{i,j} - \theta^{k+1}_{i,j-1})}{(\Delta z)^2} - \frac{K^{k+1/2}_{i,j+1} - K^{k+1/2}_{i,j-1}}{2\Delta z} - S^{k+1/2}_{i,j} \tag{6.43}$$

把 $u_1 = \frac{\Delta t}{2(\Delta r)^2}, u_2 = \frac{\Delta t}{2(\Delta z)^2}, u_3 = \frac{\Delta t}{2\Delta z}$ 代入式(6.43):

$$-2u_2 D^{k+1}_{i,j-1/2}\theta^{k+1}_{i,j-1} + (1 + 2u_2 D^{k+1}_{i,j+1/2} + 2u_1 D^{k+1}_{i,j-1/2})\theta^{k+1}_{i,j} + 2u_2 D^{k+1}_{i,j+1/2}\theta^{k+1}_{i,j+1} = (2u_1 D^{k+1/2}_{i+1/2,j} + u_1 D^{k+1/2}_{i,j}/i)\theta^{k+1/2}_{i+1,j} + (1 - 2u_1 D^{k+1/2}_{i+1/2,j} - 2u_1 D^{k+1/2}_{i-1/2,j})\theta^{k+1/2}_{i,j} + (2u_1 D^{k+1/2}_{i-1/2,j} - u_1 D^{k+1/2}_{i,j}/i)\theta^{k+1/2}_{i-1,j} - u_3(K^{k+1/2}_{i,j+1} - K^{k+1/2}_{i,j-1}) - S^{k+1/2}_{i,j}\Delta t \tag{6.44}$$

设

$$a'_{ij} = -2u_2 D^{k+1}_{i,j-1/2} \tag{6.45a}$$

$$b'_{ij} = 1 + 2u_2 D^{k+1}_{i,j+1/2} + 2u_1 D^{k+1}_{i,j-1/2} \tag{6.45b}$$

$$c'_{ij} = 2u_2 D^{k+1}_{i,j+1/2} \tag{6.45c}$$

$$f'_{ij} = (2u_1 D^{k+1/2}_{i+1/2,j} + u_1 D^{k+1/2}_{i,j}/i)\theta^{k+1/2}_{i+1,j} + (1 - 2u_1 D^{k+1/2}_{i+1/2,j} - 2u_1 D^{k+1/2}_{i-1/2,j})\theta^{k+1/2}_{i,j} - (2u_1 D^{k+1/2}_{i-1/2,j} - u_1 D^{k+1/2}_{i,j}/i)\theta^{k+1/2}_{i-1,j} - u_3(K^{k+1/2}_{i,j+1} - K^{k+1/2}_{i,j-1}) - S^{k+1/2}_{i,j}\Delta t \tag{6.45d}$$

则式(6.44)可写成:

$$a'_{ij}\theta^{k+1}_{i,j-1} + b'_{ij}\theta^{k+1}_{i,j} + c'_{ij}\theta^{k+1}_{i,j+1} = f'_{ij} \tag{6.46}$$

(3)初始条件和边界条件的差分格式:

式(6.38a)的差分格式为

$$\theta^{0}_{i,j} = \theta_0 \tag{6.47a}$$

式(6.38b)的差分格式为

$$\theta^{k}_{i,2} - \theta^{k}_{i,1} = [(1 - E_t)/D^{k}_{i+1/2}]/\Delta z \tag{6.47b}$$

式(6.38c)的差分格式为:

$$\theta^{k}_{2,j} - \theta^{k}_{1,j} = 0, \theta^{k}_{i+1,j} - \theta^{k}_{i,j} = 0 \tag{6.47c}$$

式(6.38d)的差分格式为

$$\theta^{k}_{i,j+1} - \theta^{k}_{i,j} = \Delta z \tag{6.47d}$$

利用反复迭代的方法线性化方程(6.42)和方程(6.46),同时交替的方法求解方程(6.42)、方程(6.46)。求解方程的流程如图 6-7 所示。

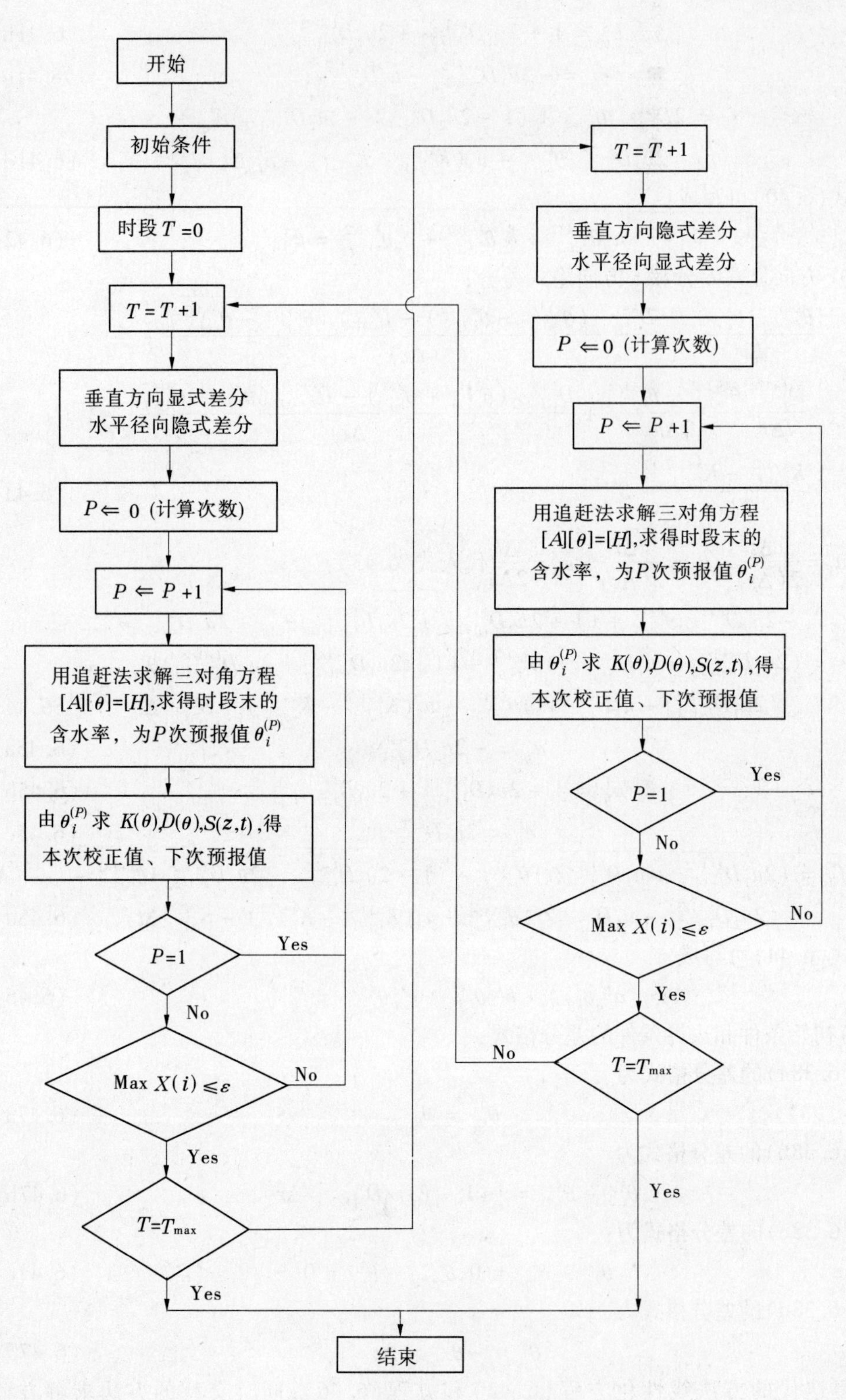

图 6-7　胡杨土壤水分运动模拟流程

6.4 模拟结果及分析

6.4.1 模拟结果

通过以上方法,得到胡杨根区土壤含水率的模拟值。将胡杨根区土壤含水率的实测值与模拟值进行对比,分析所建立的胡杨根系吸水模型的可靠性。

验证试验以7天为1个周期,分别于2007年6月22~28日在额济纳二道桥胡杨林保护区,7月1~7日在额济纳七道桥胡杨林保护区进行。

一维水平径向模拟结果与实测结果对比如图6-8、图6-9所示。

一维垂向模拟结果与实测结果对比如图6-10、图6-11所示。

二维模拟结果与实测结果对比如图6-12、图6-13所示。

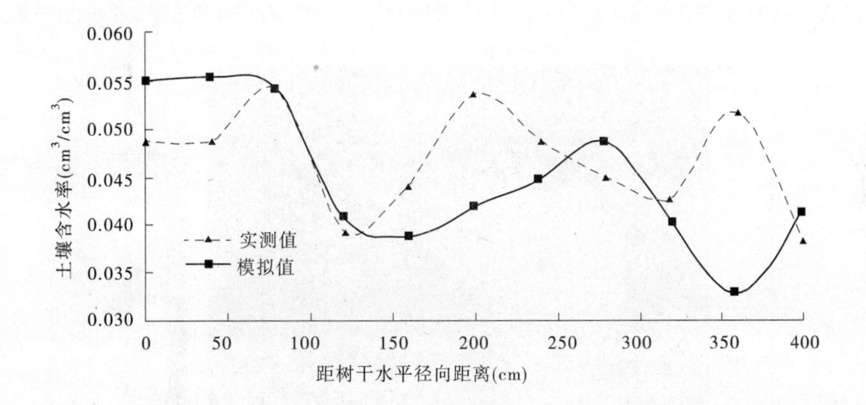

图6-8 二道桥模拟结果与实测结果对比(水平径向)

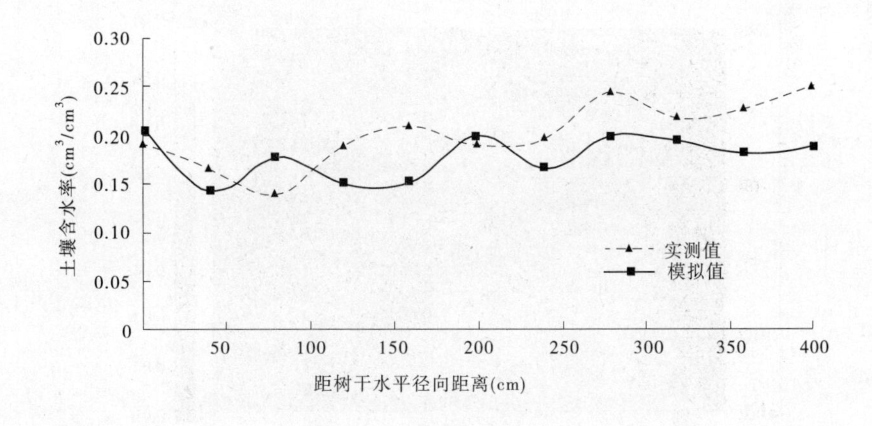

图6-9 七道桥模拟结果与实测结果对比(水平径向)

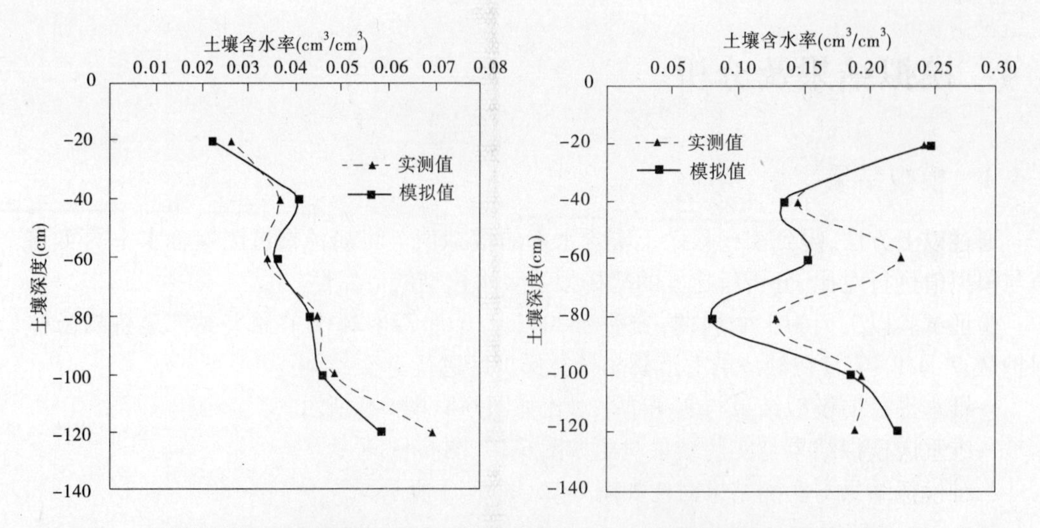

图 6-10　二道桥模拟结果与实测结果对比(一维垂向)　图 6-11　七道桥模拟结果与实测结果对比(一维垂向)

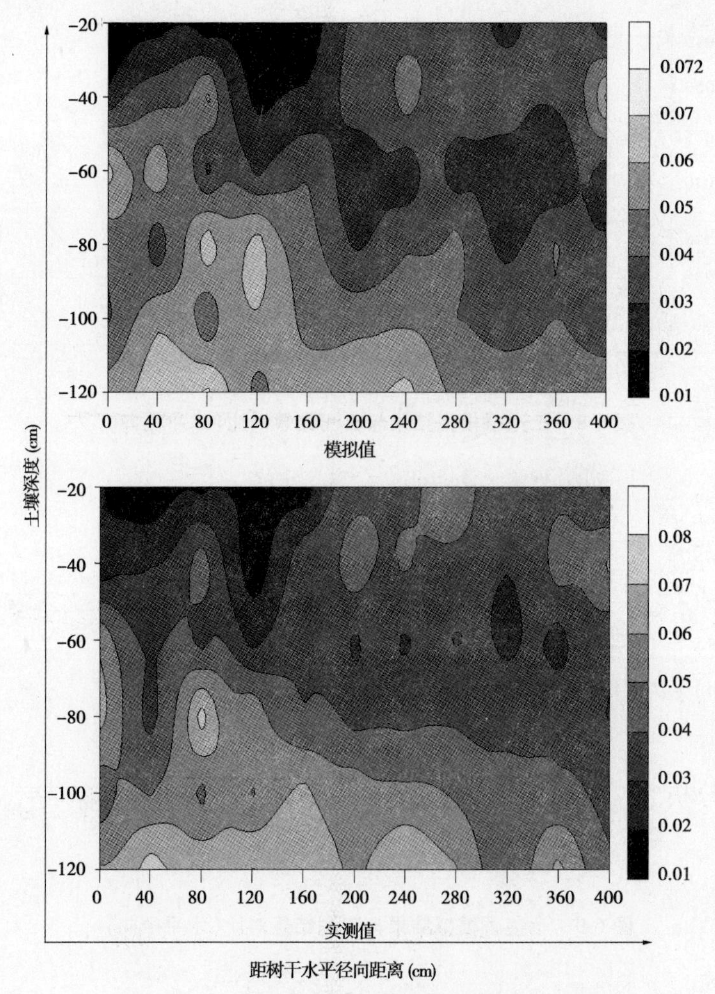

图 6-12　二道桥模拟结果与实测结果对比(二维)

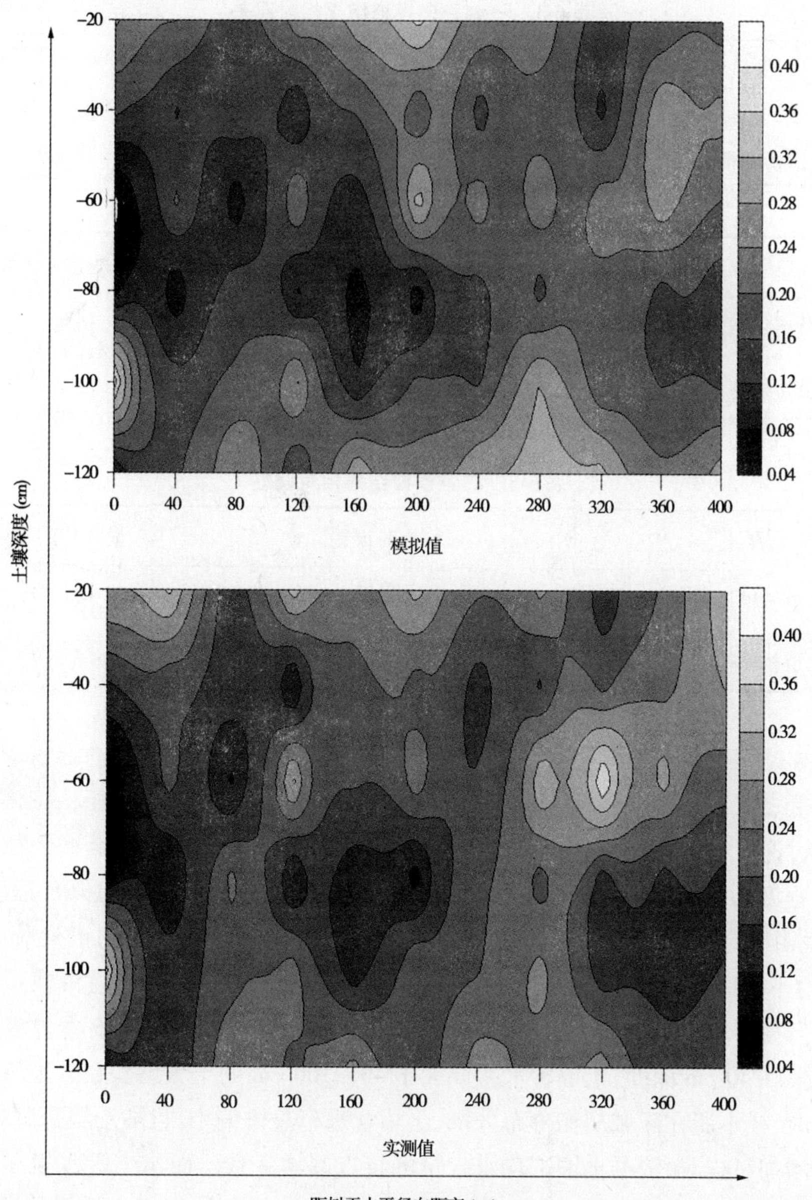

图 6-13　七道桥模拟结果与实测结果对比(二维)

6.4.2　结果分析

模型值与实测值误差见表 6-3 ~ 表 6-5。

对以上结果分析可知:

(1)模型结果与实测结果平均相对误差的最大值为 19% ,说明本书所建胡杨根系吸水的数学模型基本反映了胡杨根系吸水的实际状况。

表 6-3　一维垂向模拟结果相对误差　（%）

项目	平均相对误差	最大相对误差
二道桥模拟结果	9.24	16.28
七道桥模拟结果	16.09	37.75

表 6-4　一维水平径向模拟结果相对误差　（%）

项目	平均相对误差	最大相对误差
二道桥模拟结果	11.90	36.47
七道桥模拟结果	17.27	26.26

表 6-5　二维模拟结果相对误差　（%）

项目	平均相对误差	最大相对误差
二道桥模拟结果	17.84	46.07
七道桥模拟结果	19.02	45.27

（2）在不同区域的试验中都反映出：一维垂向模拟结果误差最小，一维水平径向模拟结果误差次之，二维模拟结果误差最大，说明本书所建的一维模型要好于二维模型。而由第 4 章的讨论可知：一维垂向根长密度的拟合程度为 $R^2=0.8884$；一维水平径向根长密度的拟合程度为 $R^2=0.68$ 和 $R^2=0.73$（分段拟合）；二维根长密度的拟合程度为 $R^2=0.685$。说明模型中根长密度拟合程度与模型本身的拟合程度有密切的正关系。

（3）对不同区域的试验结果对比可知，二道桥的模拟结果好于七道桥模拟结果。在七道桥进行模型验证试验时，由于样本所在区域胡杨分布较为密集，土壤含水率总体偏大，尤其是 0～40 cm 深度，土壤含水率要大于 40～100 cm 的土壤层。在二道桥进行模型验证试验时，样本所在区域胡杨分布分散，土壤含水率总体偏小，且随土壤深度的增加，含水率逐步增加，这与额济纳土壤平均水含量的特点基本一致。而本书吸水模型中水势影响函数 $\alpha(h)$ 就是以额济纳土壤含水率的多年平均值来建立的，所以二道桥的模拟结果好于七道桥模拟结果。同时，也说明模型中水势影响函数 $\alpha(h)$ 的建立具有局限性，须进一步加以改进。

6.5　模型评价与改进

6.5.1　模型评价

验证试验的结果说明，本书所建胡杨根系吸水的数学模型基本反映了胡杨根系吸水的实际状况；但由于模型中所有参数都是在一定时段内实测资料的基础上拟合而成的，受特定环境的影响，模型不可避免地带有一定的局限性。所以只能说本书所建胡杨根系吸水的数学模型在额济纳对生长季节的中龄胡杨具有较高的可靠性。

6.5.2 模型改进

模型中包含了三个参数：根长密度函数 L、水势影响函数 $\alpha(h)$ 和植株蒸腾速率 $T_r(t)$。这三个参数拟合程度的大小将直接影响到整个模型的可靠程度，所以模型的改进应从这三方面入手。

(1)本模型中的水势影响函数 $\alpha(h)$ 已在验证试验中表现出了其局限性。模型中 $\alpha(h)$ 是以额济纳胡杨林土壤含水率的多年平均值来建立的，这使得 $\alpha(h)$ 在每次试验中都是一个确定的分段函数，从而影响到模拟结果的准确性。所以下一步应对 $\alpha(h)$ 加以改进，使其变为动态的函数，在不同的试验中，根据具体的土壤状况，得出相应的 $\alpha(h)$，提高模型的适应性。

(2)对植株蒸腾速率 $T_r(t)$ 的改进，主要依赖于试验方法的更新和试验准确性的提高。

(3)对根长密度函数 L 的改进是最困难的。首先它要建立在对胡杨根系全面了解的基础之上，才能选择具有代表性的样本；其次是根长密度拟合函数形式的选择。而对胡杨根系全面了解，是以对胡杨根系破坏为代价的，所以下一步主要应通过选择适当的拟合函数来提高拟合程度。

6.6 本章小结

本章利用对土壤水分运动基本方程的差分处理，对比模拟与实测的土壤含水率，对所建胡杨根系吸水的数学模型进行了验证。验证试验表明：

(1)本书所建胡杨根系吸水的数学模型基本反映了胡杨根系吸水的实际状况，模型在本区域对生长季节的中龄胡杨具有较高的可靠性。

(2)模型中包含了三个参数：根长密度函数 L、水势影响函数 $\alpha(h)$ 和植株蒸腾速率 $T_r(t)$。这三个参数拟合程度的大小将直接影响到模型的可靠程度，所以模型的改进应从这三方面入手。

改进和发展根系吸水的宏观模型，实质就是修改根系吸水模式 S，以使根系吸水模型更趋于符合实际（杨培岭、郝仲勇，1999）。本章就是对 Feddes 的一维根系吸水模型进行合理的推广，建立了胡杨根系吸水的二维数学模型。该模型中包含三个基本因子，即水势影响函数、植株蒸腾速率和根长密度函数，形式简单。由模拟值与实测值的对比，可以认为反映了胡杨根系吸水的实际状况，在额济纳绿洲对生长季节的中低龄胡杨具有较高的可靠性。但由于模型是在特定的试验条件下获得的，局限性较大；同时，在建立模型时未对 SPAC 系统对根系吸水的影响因素作全面的考虑。这也是现阶段植物根系吸水模型研究中存在的主要问题之一(张喜英,1997)。对胡杨根系吸水的二维模型的研究,在国内外尚属首次,所以在很多方面需要不断探索和改进。改进方向除对模型中三个影响因子的改进外,应当从根系吸水的机理出发,全面考虑 SPAC 系统的影响。

第7章 结论与展望

7.1 结论

本书以极端干旱区特有乔木——胡杨为对象,对胡杨根系及其吸水模型进行了较为全面、深入的研究,得到以下结论。

7.1.1 运输根系

(1)其总体分布特征为:胡杨具有庞大的根系,但粗大根(直径在5 cm以上)很少,仅占总根数目的6.01%。侧根发达,在垂向20~120 cm深的土层内向四周延伸,但粗大根系主要沿河道方向延伸。

(2)通过对20棵样树不同直径的运输根系数量的统计分析,验证了胡杨运输根系具有统计自相似性,即具有分形结构。

(3)提出了土壤含水率期望的概念,以此研究根系对土壤水分变化的响应。根系土壤水分的变化对胡杨根系分布有直接影响;根系分布的分维与土壤含水率期望之间并不是简单的线性关系。在土壤含水率期望小于0.124 cm^3/cm^3 时,根系分布的分维随土壤含水率均值的增加而增大;土壤含水率期望大于0.124 cm^3/cm^3 时,根系分布的分维随土壤含水率均值的增加而减小。这一点恰好反映出胡杨作为极端干旱区乔木的特点。

(4)利用概率统计的基本原理和方法,对含水率期望值 E 与根系分维值 D 之间的函数关系式进行分析计算可得

$$P\{0.04 < E < 0.34\} = 0.90$$

式中:P 为概率。可以认为含水率期望值在0.04~0.34 cm^3/cm^3 的范围,是适宜胡杨根系生长的范围。

7.1.2 吸水根系

(1)胡杨吸水根系的整体特征。在垂直方向:随着土壤深度的增加,根长密度呈递减趋势,吸水根主要集中在0~80 cm的土层内,占总量的97.60%。在0~20 cm的土层内,吸水根根量最大,占吸水根总量的58.25%;而在100~120 cm的土层内,几乎已经没有吸水根存在,只占总量的0.19%。在水平方向:0~220 cm的范围内,吸水根根长密度随径向距离的增加而逐渐增大;而在220~400 cm的范围内吸水根根长密度随径向距离的增加而逐渐减小。在0~20 cm范围内,吸水根系分布很少,仅占总量的0.47%;在160~220 cm范围内,吸水根系分布最为密集,仅60 cm水平距离内,吸水根根长就占了总量的18.57%。

(2)拟合了吸水根系在垂直和水平方向的分布曲线,以及二维分布曲面,采用指数函

数拟合,建立了相应的根长密度函数。所得结果的 R^2 都在 0.68 以上,说明胡杨吸水根系根长密度分布也具有与果树相似的规律,基本符合指数分布规律。对比不同乔木根长密度,表达式各不相同,这些差异反映出不同根系各自的特点。

7.1.3 胡杨及根区土壤水分分布特征

胡杨根区土壤含水率的总的特点为:0 ~ 20 cm 的土层基本为干沙层,使表层土壤含水率最低,一般为 1.5%;土壤剖面的 20 ~ 120 cm 土层内,随着土壤深度的增加,土壤含水率逐渐增大,但变化平缓,含水率只是由 1.5% 上升到 20% 左右。

7.1.4 胡杨根系吸水模型

(1)垂直方向的一维模型

$$S(z,t)=\begin{cases}0.0675L(z)T_r(t) & 0<z\leqslant 20\\0.0513L(z)T_r(t) & 20<z\leqslant 40\\0.0186L(z)T_r(t) & 40<z\leqslant 60\\0.0119L(z)T_r(t) & 60<z\leqslant 80\\0.0071L(z)T_r(t) & 80<z\leqslant 100\\0.0064L(z)T_r(t) & 100<z\leqslant 120\end{cases}$$

(2)水平径向的一维模型

$$S(r,t)=\begin{cases}0.6665e^{1.914r/220}T_r(t) & 0<r\leqslant 220\\4.664e^{-1.28r/400}T_r(t) & 220<r\leqslant 400\end{cases}$$

(3)二维模型

$$S(r,z,t)=\begin{cases}0.4855L(r,z)T_r(t) & 0<z\leqslant 20\\0.3688L(r,z)T_r(t) & 20<z\leqslant 40\\0.1334L(r,z)T_r(t) & 40<z\leqslant 60\\0.0855L(r,z)T_r(t) & 60<z\leqslant 80\\0.0513L(r,z)T_r(t) & 80<z\leqslant 100\\0.0463L(r,z)T_r(t) & 100<z\leqslant 120\end{cases}$$

7.1.5 模型验证、模型评价及改进

(1)利用对土壤水分运动基本方程的差分处理,通过对比土壤含水率的模拟值与实测值的相对误差,对所建胡杨根系吸水的数学模型进行了验证。验证试验的结果说明,本书所建胡杨根系吸水的数学模型基本反映了胡杨根系吸水的实际状况;但由于模型中所有参数都是在一定时段内实测资料的基础上拟合而成的,受特定环境的影响,模型不可避免地带有一定的局限性。所以只能说本书所建胡杨根系吸水的数学模型在额济纳对生长旺季的中龄胡杨具有较高的可靠性。

(2)在不同区域的试验中都反映出:一维垂向模拟结果误差最小,一维水平径向模拟

结果误差次之，二维模拟结果误差最大，说明本书所建的一维模型要好于二维模型。这与模型中根长密度拟合程度的关系密切。

(3)对不同区域的试验结果对比可知，二道桥的模拟结果明显好于七道桥模拟结果。说明模型中水势影响函数 $\alpha(h)$ 的建立具有局限性，须进一步加以改进。

(4)模型中包含了三个参数：根长密度函数 L、水势影响函数 $\alpha(h)$ 和植株蒸腾速率 $T_r(t)$。这三个参数拟合程度的大小将直接影响到模型的可靠程度，所以模型的改进应从这三方面入手。

7.2 问题与展望

本书较为系统地研究了胡杨的根系分布及根系吸水特性。然而，胡杨根系及吸水特性研究涉及植物生理生态学、气象学、土壤物理学等多个学科的知识，内容繁多复杂，不可能在短期研究得非常深入。本书还存在许多不足之处，这些问题同样也是今后需要加强研究的问题。

(1)本书较深入地研究了胡杨根系分布特征，建立了根系吸水模型。然而，由于受研究时间和试验条件的限制，其分析结果和结论还不能广泛地应用。

(2)研究方法上，对于同一问题的研究需要两种或更多的方法，需要将不同方法的研究结果进行比较分析，避免单一方法的局限性和片面性，增加结果的精确性和可靠性。

(3)建立的根系吸水模型主要从数学角度考虑了其可靠性，而对胡杨根系的生理特征，吸水机理未做研究。根系发育特点和土壤的分异性质决定了根系吸水过程的复杂性。所以须通过对根系生长发育和根系吸水机理研究的深入与细化，修改与完善、校正已有的根系吸水模型，简化模型参数，使模型的预测与模拟更接近于真实根系吸水过程和变化，并简单实用。这将是以后根系吸水研究努力的方向。

(4)对模型的验证，方法单一，且验证试验周期较短，所以对模型的稳定性不能作出肯定的判断。

(5)现有的作物根系吸水模式大部分都包含有根系分布、密度、根系阻力或穿透性等参数。由于根系分布的瞬态性，即当土壤干燥时一部分活动根系会死去，但当土壤含水量适宜时新的吸水根系又生长出来。所以即便根系分布函数估算准确，也不能准确地描述根系吸水的动态特征；而且其中一类根系吸水模式虽然不包括根系密度、根系阻力或穿透性等资料，但这类吸水模式是在一定条件下根据实测资料建立的，其经验系数需要根据当地的作物根系吸水速率资料确定。因此，无论是要建立作物根系吸水模型，还是为了分析作物根系吸水速率的分布规律，都需要了解根系吸水速率的动态资料。植物根系生长与植物根系吸水是紧密联系在一起的两个过程。植物根系吸收水分促进根系生长，而根系生长又反过来增加植物根系吸水的土层深度并缩短水分到达根表皮的距离。因此，作物根系生长过程及其影响因素、作物根系伸展规律、作物根系密度分布规律等，仍是未来根系研究的重点。

(6)植株根区水分运移力、能关系的研究对于弄清整个根系系统中水分能量、阻力的分布以及各个部分能量、阻力的变化规律和相互作用关系，系统内的水分通量和能量、阻力、水容的分布关系具有重要的作用。所以以后须加强这方面的研究。

(7)现有的研究，是用传统的文字、图、表进行表达，极不直观与全面。随着计算机多媒体技术的发展与普及，把模型的运行结果利用计算机强大的图像、图形等功能，做到对其三维景物实时模拟与显示。这既可以直观验证模型的运行结果，又可以帮助修改完善已有的模型。所以与计算机技术相结合是根系研究发展的必然趋势。

参 考 文 献

[1]白文明，左强，黄元仿，等. 乌兰布和沙区紫花苜蓿根系生长及吸水规律的研究[J]. 植物生态学报，2001，25（1）：35-41.

[2]白文明，左强，李保国. 乌兰布和沙区紫花苜蓿根系吸水模型[J]. 植物生态学报，2001，25（4）：431-437.

[3]伯姆(Bohm W). 根系研究法[M]. 薛德培，等译. 北京：科学技术出版社，1985.

[4]崔红，赵淑贤，牛原，等. 内蒙古额济纳胡杨林的现状及可持续发展对策[J]. 内蒙古林业调查设计，1999(增刊)：152-154.

[5]丁永建，叶佰生，周文娟，等. 黑河流域过去 40 a 来降水时空分布特征[J]. 冰川冻土，1999，21(1)：42- 48.

[6]冯起，程国栋. 我国沙地水分分布状况及其意义[J]. 土壤学报，1999，36(5)：225-236.

[7]冯起. 沙地水分研究进展[J]. 中国沙漠，1993，13(2)：9-13.

[8]冯起，高前兆. 沙地土壤水分动态模拟研究[J]. 土壤通报，1997(1)：50-51.

[9]郭向红，孙西欢，马娟娟. 根系吸水模型参数的混合遗传算法估算方法[J]. 农业机械学报，2009，40(8)：80-85.

[10]郭忠升，邵明安. 半干旱区人工林草地土壤旱化与土壤水分植被承载力[J]. 生态学报，2003，23(8)：1640-1647.

[11]高润宏，张巍，郭晓红. 额济纳胡杨林生态效益评价及保护对策探讨[J]. 干旱区资源与环境，2000，14(增刊)：74-77.

[12]傅伯杰，陈利项，马克明，等. 景观生态学原理及应用[M]. 北京：科学出版社，2001.

[13]郝仲勇，刘洪禄，杨培岭. 果树根系吸水函数的建立[J]. 农业工程学报，2000，16(增刊)：53-56.

[14]黄冠华，沈荣开，张瑜芳. 作物生长条件下蒸发蒸腾与土壤水分动态模拟[J]. 武汉水利电力大学学报，1995，28(5)：25-32.

[15]胡云峰. 非线性科学与地球科学[J]. 中国地质，1999(6)：35-36.

[16]虎胆. 吐马尔拜. 作物根系吸水的研究[J]. 新疆农业大学学报，1996，19(4)：30-34.

[17]虎胆. 吐马尔拜. 作物根系吸水率模型的试验研究[J]. 灌溉排水学报，1999，15(4)：15-19.

[18]胡卸文，钟沛林. 云南蒋家沟流域泥石流沟谷演变的非线性特征[J]. 长江流域资源与环境，2002，11(1)：94-97.

[19]康绍忠，刘晓明，熊运章. 冬小麦根系吸水模式研究[J]. 西北农业大学学报，1992，20(2)：5-12.

[20]康绍忠，刘晓明，熊运章. 土壤－植物－大气连续体水分传输理论及其应用[M]. 北京：水利电力出版社，1994.

[21]康绍忠，刘晓明，高新科，等. 土壤－植物－大气连续体水分传输的计算机模拟[J]. 水利学报，1992，23(7)：1-12.

[22]康绍忠. 土壤－植物－大气连续体水分传输动力学及其应用[J]. 力学与实践，1993，15(2)：11-19.

[23]李保国，龚元石，左强. 农田土壤水的动态模型及应用[M]. 北京：科学出版社，2000.

[24]李禄军，蒋志荣，车克钧，等. 绿洲－荒漠交错带不同沙丘土壤水分时空动态变化规律[J]. 水土保持学报，2007，21(1)：123-127.

[25]李建林，冯起，司建华，等. 极端干旱区胡杨林根系分布对土壤水分的响应[J]. 干旱区资源与环

境，2009，23(11)：186-190 .
[26]李建林，冯起，司建华，等. 极端干旱区胡杨林根系吸水的二维模拟研究[J]. 生态学杂志，2009，28(6)：1188-1193.
[27]李建林，冯起，司建华. 极端干旱区胡杨吸水根系的分布与模拟研究[J]. 干旱区地理，2008，31(1)：97-101.
[28]李建林，冯起，司建华，等. 极端干旱区胡杨根系分布的非线性分析[J]. 北京林业大学学报，2007，29(6)：109-114.
[29]李建林，冯起. 西北地区泥石流沟形态因素的非线性分析[J]. 干旱区地理，2006，29(5)：658-662.
[30]李俊才，胡卸文. 金沙江向家坝库区泥石流发育状况及其沟谷形态的非线性特征[J]. 山地学报，2001，19(1)：29-32.
[31]李爽，姚静. 基于分形的DEM数据不确定性研究[M]. 北京：科学出版社，2007.
[32]李水根. 分形[M]. 北京：高等教育出版社，2004.
[33]李小刚. 影响土壤水分特征曲线的因素[J]. 甘肃农业大学学报，1994 (3)：45-51.
[34]刘昌明，王会肖. 土壤－作物－大气界面水分过程与节水调控[M]. 北京：科学出版社，1999.
[35]刘昌明，孙睿. 水循环的生态学方面：土壤－植被－大气系统水分能量平衡研究进展[J]. 水科学进展，1999，10(9)：251-259.
[36]刘普幸，陈发虎，勾小华，等. 额济纳旗近100 a来胡杨年表的建立与响应分析[J]. 中国沙漠，2005，25(5)：764-768.
[37]刘有录，李建林，王万雄. 黄河兰州段两岸泥石流沟形态非线性分析[J]. 人民黄河，2007，29(4)：56-57.
[38]刘川顺. 柑橘树生长条件下土壤水分运动及耗散规律的研究[D]. 武汉：武汉水利电力大学，1990.
[39]刘建立，徐绍辉. 根据颗粒大小分布估计土壤水分特征曲线：分形模型的应用[J]. 土壤学报，2003，40(1)：46-52.
[40]雷志栋，杨诗秀，谢森传. 土壤水动力学[M]. 北京：清华大学出版社，1988.
[41]雷志栋，胡和平，杨诗秀. 土壤水研究进展与评述[J]. 水科学进展，1999，10(3)：311-318.
[42]罗毅，于强，欧阳竹，等. 利用精确的田间实验资料对几个常用根系吸水模型的评价与改进[J]. 水利学报，2000(4)：73-80.
[43]卢振民. 土壤－作物－大气系统(SPAC)水流动态模拟与实验研究[A]∥ 田国良. 作物与水分关系研究. 北京：中国科学技术出版社，1992.
[44]吕军. 浙江红壤区水分条件对冬小麦生长的动态耦合模拟[J]. 水利学报，1998(7)：68-72.
[45]马海艳，龚家栋，王根绪，等. 干旱区不同荒漠植被土壤水分的时空变化特征[J]. 水土保持研究，2005，12(6)：231-234.
[46]毛晓敏，杨诗秀，雷志栋. 叶尔羌灌区冬小麦生育期SPAC水热传输的模拟研究[J]. 水利学报，1998，29(7)：35-40.
[47]钱云平，王玲. 同位素水文技术在黑河流域水循环研究中的应用[M]. 郑州：黄河水利出版社，2008.
[48]萨如拉，豪树奇，张秋良，等. 额济纳胡杨林土壤含水量时空变化的研究[J]. 林业资源管理，2006(1)：59-62.
[49]单立山，张希明，魏疆，等. 塔克拉玛干沙漠腹地两种灌木有效根系密度分布规律的研究[J]. 干旱区地理，2007，30(3)：400-405.

[50]盛骤，谢式千，潘承毅. 概率论与数理统计[M]. 北京：高等教育出版社，2001.
[51]沈荣开，任理，张瑜芳. 夏玉米麦秸全覆盖下土壤水热动态的田间试验和数值模拟[J]. 水利学报，1997，28(2)：14-21.
[52]邵爱军，李会昌. 野外条件下根系吸水模型的建立[J]. 水利学报，1997(2)：68-72.
[53]邵明安，杨文治，李玉山. 植物根系吸收土壤水分的数学模型[J]. 土壤学报，1987，24(4)：295-305.
[54]邵明安，李开元，钟良平. 根据土壤水分特征曲线推求土壤导水参数[C]// 中国科学院、水利部西北水土保持研究所集刊，1991(13)：26-32.
[55]尚松浩，毛晓敏，雷志栋，等. 土壤水分动态模拟模型及其应用[M]. 北京：科学出版社，2009.
[56]司建华，冯起，张小由，等. 植物蒸散耗水量测定方法研究进展[J]. 水科学进展，2005，16(3)：450-459.
[57]司建华，冯起，李建林，等. 荒漠河岸林胡杨吸水根系空间分布特征研究[J]. 生态学杂志，2007，26(1)：1- 4.
[58]司建华，冯起，张小由. 极端干旱区胡杨水势及影响因子研究[J]. 中国沙漠，2005，25(4)：505-510.
[59]苏里坦，张展羽，古丽美拉. 塔里木河干流两岸土壤水分特征曲线的分形模拟[J]. 干旱区地理，2004，27(4)：530-534.
[60]孙雪新，康向阳，李毅. 胡杨的研究现状及发展建设[J]. 世界林业研究，1993(4)：48-52.
[61]谭孝源. 土壤－植物－大气连续体的水分传输[J]. 水利学报，1983(9)：16-23.
[62]汤明高，许强. 对非线性科学在地质灾害领域的认识和展望[J]. 灾害学，2003，18(3)：73-77.
[63]田哲旭，王坚. 线性根系吸水模型在土壤－作物系统中的应用[J]. 中国农业大学学报，1996(1)：33-38.
[64]王立明，张秋良，殷继艳. 额济纳胡杨林生长规律及生产力的研究[J]. 干旱区资源与环境，2003，17(2)：94-99.
[65]王辉，孙栋元，刘丽霞，等. 干旱荒漠区沙蒿种群根系生态特征研究[J]. 水土保持学报，2007，21(1)：99-102.
[66]王世绩，陈炳浩，李护群. 胡杨林[M]. 北京：中国环境科学出版社，1995.
[67]王协康，方铎. 白龙江流域泥石流沟形态非线性研究[J]. 人民长江，1999(5)：18-20.
[68]王文焰，张建丰. 在一个水平土柱上同时测定非饱和土壤水分运动参数的试验研究[J]. 水利学报，1990(7)：26-30.
[69]席海洋，冯起，程玉菲，等. 额济纳绿洲土壤入渗特征与土壤状况的关系研究[J]. 冰川冻土，2008，30(6)：976-982.
[70]肖生春，肖洪浪. 额济纳地区历史时期的农牧业变迁与人地关系演进[J]. 中国沙漠，2004，24(5)：448- 450.
[71]许迪. 典型经验根系吸水函数的田间模拟检验及评价[J]. 农业工程学报，1997(3)：37- 42.
[72]许迪，R. Schmid，A. Hermoud. 土壤水力学特性试验方法比较及其模拟验证[J]. 水利学报，1997(8)：15-20.
[73]姚其华，邓银霞. 土壤水分特征曲线模型及其预测方法的研究进展[J]. 土壤通报，1992(3)：10-14.
[74]姚立民，康绍忠，龚道枝，等. 苹果树根系吸水模型研究[J]. 灌溉排水学报，2004，23(6)：67-70.
[75]姚立民，康绍忠. 苹果树根系吸水模型研究[J]. 灌溉排水学报，2004，23(6)：67-70.
[76]姚建文. 作物生长条件下土壤含水量预测的数学模型[J]. 水利学报，1989(9)：32-38.

[77]姚德良，丘克俭，冀伟,等. 在植物耗水条件下土壤水分动态的数值模拟[J]. 土壤学报，1993，30(1):111-116.
[78]杨国宪，侯传河，韩献红. 黑河额济纳绿洲生态与水[M]. 郑州：黄河水利出版社，2006.
[79]杨丽，张秋良，常金宝. 胡杨根系分布特性[J]. 内蒙古农业大学学报，2006，27(1)：15-17.
[80]杨培岭，郝仲勇. 植物根系吸水模型的发展动态[J]. 中国农业大学学报，1999，4(2)：67-73.
[81]阳园燕，郭安红，安顺清,等. 土壤－植物－大气连续体(SPAC)系统中植物根系吸水模型研究进展[J]. 气象科技，2004，32(5)：316-321.
[82]张少文，王文圣，丁晶,等. 分形理论在水文水资源中的应用[J]. 水科学进展，2005，16(1)：141-146.
[83]张济忠. 分形[M]. 北京：清华大学出版社，1995.
[84]张劲松，孟平. 石榴树吸水根系空间分布特征[J]. 南京大学学报(自然科学版)，2004，28(4)：89- 91.
[85]张劲松，孟平，尹吕君. 果农复合系统中果树根系空间分布特征[J]. 林业科学，2002,38(4)：30-33.
[86]张喜英. 非饱和土壤作物根系吸水的模拟研究[M]//刘昌明,于沪宁. 土壤－植物－大气系统水分运动实验研究. 北京：气象出版社，1997.
[87]赵成义. 作物根系吸水特性研究进展[J]. 中国农业气象，2004，25(2)：39- 42.
[88]赵文智，程国栋. 干旱区生态水文过程若干问题评述[J]. 科学通报，2001，46(22)：1851-1857.
[89]赵颜霞，王馥棠. 土壤－作物－大气连续体水分循环与作物生产关系的模拟模式研究[J]. 应用气象学报，1997，8(4)：428- 436.
[90]周萃英，汤连生. 分析理论与工程地质学[J]. 地质科技情报，1994，13(4)：85-92.
[91]朱永华，吕海深. 植物生物条件下荒漠土壤水分预报的数学模型[J]. 冰川冻土，2001，23(3)：264-269.
[92]朱永华，仵彦卿，吕海深. 荒漠植物根系吸水的数学模型[J]. 干旱区资源与环境，2001，25(2)：75-79.
[93]朱永华，仵彦卿. 额济纳旗胡杨根区水分运动参数的确定[J]. 水文，2002，22(1)：1-3.
[94]左强，孙炎鑫，杨培岭. 应用 Microlysimeter 研究作物根系吸水特性[J]. 水利学报，1998(6)：69-76.
[95]Adiku S G K, Rose C W , Braddock R D, et al. On the simulation of rootwater extraction：examination of a minimum energy hypothesis. Soil Science,2000, 165(3)：226-236.
[96]Arora V K, Boer G J. A representation of variable root distribution in dynamic vegetation models. Earth Interactions, 2003,7(6)：1-19.
[97]Aura E. Modelling non – uniform soil water uptake by a single plant root. Plant and Soil, 1996,186：237-中 243.
[98]Belcher J W, Keddy P A , Twolan – Strutt L. Root and shoot competition intensity along a soil depth gradient. J. Ecol. , 1995,83：673-682.
[99]Berndtsson R, Chen H. Variation of soil water content along a transect in a desert area. Journal of Arid Environments, 1994,27：127-139.
[100]Berntson G M. A computer program for characterizing root system branching patterns. Plant and Soil, 1992,140:145-149.
[101]Bresler E. Simultaneous transport of solute and water under transient unsaturated flow conditions. Water Resour. Res. 1973, 9：975-986.

[102] Bruckler L, Lafolie F, Tardieu F. Modeling root water potential and soil-root transport: Ⅱ. Field comparisons. Soil Sci. Soc. Am. J., 1991,55: 1213-1320.
[103] Buysee J, Smolders E, Merchx R. Modelling the uptake of nitrate by a growing plant with an adjustable root nitrate capacity. Plant and Soil, 1996,181:19-23.
[104] Caassen N, Barber S A. Simulation model for nutrient uptake from soil by a growing plant root system. Agron. J., 1976,68:96-104.
[105] Clausnitzer V, Hopmans J W. Simultaneous modeling of transient three – dimensional root growth and soil water flow. Plant and Soil, 1994,164: 299-314.
[106] Canadell J, Jackson R B, Ehleringer J R, et al. Maximum rooting depth of vegetation types at the global scale. Oecologia, 1996,108(4): 583-595.
[107] Chaudhuri U N, Kirkham M B, Kanemasu E T. Root growth of winter wheat under elevated carbon dioxide and drought. Crop Science, 1990,30(4):853-857.
[108] Clothier B E, Green S R. Roots: the big movers of water and chemical in soil. Soil Science, 1997, 162(8):534-543.
[109] Cushman J H. An analytical solution to solute transport near root surfaces for low initial concentrations: I. Equations development. Soil Sci. Soc. Am. J., 1979,43:1087-1095.
[110] De Rosnay P, Polcher J. Modelling root water uptake in a complex land surface scheme coupled to a GCM. Hyd rology and Earth System Sciences, 1998,2(2/3):239-255.
[111] Diggle A J. Rootmap – a model in three – dimensional coordinates of the growth and structure of fibrous root systems. Plant and Soil, 1988,105:169-178.
[112] Dirksen C, Augustijn D C. Root water uptake function for non – uniform pressure and osmotic potentials. Agronomy Abstracts, Annual Meetings of American Soctiety of Agronomy ASA, 1988,182.
[113] Ehlers W, Hamblin A P, Tennant D, et al. Root system parameters determining water uptake of field crops. Irrigat. Sci., 1991,12: 115-124.
[114] Falconer K. Fractal Geometry – Mathematical Foundations and Applications. New York, Wiley. 1990.
[115] Feddes R A, Hoff H, Bruen M, et al. Modeling root water uptake in hyd rological and climate models. Bulletin of the American Meteorogical Society, 2001,82:2797-2809.
[116] Feddes R A, Kowalik P, Kolinska – Malinka K, et al. Simulation of field water uptake by plants using a soil water dependent root extraction function. Hyd rol. 1976,31:13-26.
[117] Feddes R A, Kowalik P, Zaradny H. Simulation of Field Water Use and Crop Yield Simulation Monograph Series. PUDPC, Wageningen. 1978.
[118] Feddes R A, Bresler E, Neuman S P. Field test of a modified numerical model for water uptake by root systems. Water Resources Research, 1974,10(6): 199-1206.
[119] Feddes R A, Neuman S P, Bresler E. Finite element analysis of two dimensional flow in soilsconsidering water uptake by roots. Ⅱ. Field plications. Soil Science Society of America Proceedings, 1975,39(2): 231-237.
[120] Fichtner K, Schulze E D. The effect of nitrogen nutrition on growth and biomass partitioning of annual plants originating from habitats of different nitrogen availability. Oecologia, 1992,92: 236-241.
[121] Gale M R, Grigal D F. Vertical root distributions of northern tree species in relation to successional status. Canadian Journal of Forest Research, 1987,17(8): 829-834.
[122] Gardner W R. Dynamic aspects of water availability to plants. Soil Science, 1960,89(2): 63-73.
[123] Gerwitz A, Page E,R. An empirical mathematical model to describe plant root systems. Journal of Ap-

plied Ecology, 1974,11(2): 773-781.

[124] Grant R F. Simulation in ecosys of root growth responses to contrasting soil water and nitrogen. Ecol. Modell., 1998,107: 237-264.

[125] Grant R F. Simulation model of soil compaction and root growth: I. Model structure. Plant and Soil, 1993,150: 1-14.

[126] Grant R F. Simulation model of soil compaction and root growth: Ⅱ. Model performance and validation. Plant and Soil, 1993,150:15-24.

[127] Grabarnik P, Pages L, Bengough A G. Geometrical properties of simulated maize root systems: consequences for length density and intersection density. Plant and Soil, 1998,200:157-167.

[128] Green S R, Clothier B E, Mcleod D J. The response of sap flow in apple roots to localized irrigation. Agricultural Water Management, 1997,33: 63-78.

[129] Green S,Clothier B. The root zone dynamics of water uptake by a mature apple tree. Plant and Soil, 1999,206:61-77.

[130] Gong D Z, Kang S Z, Zhang L, et al. A 2 – d model of root water uptake for single apple trees and its verification with sap flow and water content measurements. Agricultural Water Management, 2006,83: 119-129.

[131] Hayhoe H N, De Jong R. Comparison of two soil water models for soybeans. Canadian Agricultural Engineering, 1988,30(1):5-11.

[132] Homaee M, Dirksen C, Feddes R A. Simulation of root water uptake. I. Non – uniform transient salinity using different macroscopic reduction functions. Agricultural Water Management, 2002,57(2): 89-109.

[133] Hoogland J C, Feddes R A, Belmans C. Root water uptake model depending on soil water pressure head and maximum extraction rate. Acta Horticulturae, 1981,119:123-136.

[134] Hook P B, Lauenroth W K, Burke I C. Spatial patterns of roots in a semiarid grassland: abundance of canopy openings and regeneration gaps. J. Ecol., 1994,84:85-494.

[135] Hopmans J W,Bristow K L. Current capabilities and future needs of root water and nutrient uptake modelling. Advances in Agronomy, 2002,77:103-183.

[136] Jackson R B, Canadell J, Ehleringer J R,et al. A global analysis of root distributions for terrestrial biomes. Oecologia, 1996,108: 389-411.

[137] Jackson R B, Manwaring J H, Caldwell M M. Rapid physiological adjustment of roots to localized soil enrichment. Nature, 1990,344: 58-60.

[138] Jackson R B, Caldwell M M. Integrating resource heterogeneity and plant plasticity: modelling nitrate and phosphate uptake in a patchy soil environment. J. Ecol., 1996,84: 891-903.

[139] Jackson R B, Sperry J S, Dawson T E. Root water uptake and transport: using physiological processes in global predictions. Trends in Plant Science, 2000,5(11):482-488.

[140] Jacobsen B F. Water and phosphate transport to plant roots. Acta Agriculturae Scandinavica, 1974, 24(1): 55-60.

[141] Jarvis N J. A simple empirical model of root uptake. Hdyrol., 1989,107:57-72.

[142] Jensen C R, Svendsen H, Andersen M N, et al. Use of the root contact concept, an empirical leafconductance model and pressure – volume curves in simulating crop water relations. Plant and Soil, 1993, 149 (1): 1-26.

[143] Johnson I R, Melkonian J J, Thornley J H M , et al. A model of water flow through plants incorporating shoot/root' message' control of stomatal onductance. Plant Cell Environ, 1991,14:531-544.

[144] Kang S Z, Zhang F C, Zhang J H. A Simulation model of water dynamics in winter wheat field and its application in a semiarid region. Agricultural Water Management, 2001,49:115-129.
[145] Katul G,Todd P , Pataki D. Soil water depletion by oak trees and the influence of root water uptake on the moisture content spatial statistics. Water Resources Research, 1997,33: 611-623.
[146] Klepper B. Root growth and water uptake. In Irrigation of Agricultural Crops. Agronomy monograph, 30, 231-321. ASA - CSSA - SSSA, Madison, USA. 1990.
[147] Lafolie F, Bruckler L, Tardieu F. Modeling root water potential and soil-root water transport: I. Model presentation. Soil Sci. Soc. Am. J. ,1991, 55:1203-1212.
[148] Li K Y, De Jong R, Boisvert J B. An exponential root - water - uptake model with water stress compensation. Journal of Hdyrology, 2001,252(1/4):189-204.
[149] Li X R, Ma F Y, Xiao H L,et al. Long - term effects of revegetation on soil water content of sand dunes in arid region of Northern China. Journal of Arid Environments,2004,57: 1-16.
[150] Lynch J P, Nielsen K L, Davis R D,et al. SimRoot: modelling and visualization of root systems. Plant and Soil, 1997,188:139-151.
[151] Mantoglou A. A theoretical approach for modeling unsaturated flow in spatially variable soils: effective flow models in finite domains and non - stationarity. Water Resour. Res. , 1992,28: 251-267.
[152] McCoy E L. A bioenergetic model of plant root growth in soil. Agric. Syst. 1991,37:1-23.
[153] Molz F J. Models of water transport in the soil - plant system: a review. WaterResources Research, 1981,17 (5), 1245-1260.
[154] Nepstad D C, De Carvalho C R , Davidson E A , et al. The role of dee Proots in the hyd rological and carbon cycles of Amazonian forests and pastures. Nature, 1994,372 (6507): 666-669.
[155] Neuman S P, Feddes R A, Bresler E. Finite element analysis of two dimensional flow in soils considering water uptake by roots. I. Theory. Soil Science Society of America Proceedings, 1975,39(2): 224-230.
[156] Newman E I. Resistance to water flow in soil and plant. I. Soil resistance in relation to amounts of roots: theoretical estimates. Journal of Applied Ecology, 1969,6:1-12.
[157] Nimah M N, Hanks R J. Model for estimating soil water, plant, and atmospheric interrelations. I. Description and sensitivity. Soil Science Society of America Proceedings, 1973,37 (4): 522-527.
[158] Palmer M W. The coexistence of species in a fractal landscape. Am. Nat. , 1992,139: 375-397.
[159] Pan L, Wierenga P J. Improving numerical modeling of two - dimensional water flow in variably saturated, heterogeneous porous media. Soil Sci. Soc. Am. J. , 1997,61:335-346.
[160] Parton W J, Schimel D S, Cole C V, et al. Analysis of factors controlling soil organic matter levels in great plains grasslands. Soil Sci. Soc. Am. J. , 1987,51:1173-1179.
[161] Passioura J B. Water transport in and to roots. Ann. Rev. Plant Physiol. Plant Mol. Biol. , 1988,39: 245-265.
[162] Prasad R. A linear root water uptake model. Journal of Hdyrology, 1988,99(3/4): 297-306.
[163] Raats P A C. Steady infiltration into crusted soils. 10th International Congress of Soil Science (Moscow) Transactions, 1974,1:75-80.
[164] Reginato J C, Tarzia D A, Cantero A. On the free boundary problem for the Michaelis-Menten absorption model for root growth. Ⅱ. High concentrations. Soil Sci. , 1991,152: 63-71.
[165] Rengel Z. Mechanistic simulation models of nutrient uptake: a review. Plant and Soil, 1993,152: 161-173.

[166] Reynolds H L , Pacala S W. An analytical treatment of root – to – shoot ratio and plant competition for soil nutrient and light. Am. Nat, 1993,141: 51-70.

[167] Somma F, Hopmans J W, Clausnitzer V. Transient three – dimensional modeling of soil water and solute transport with simultaneous root growth, root water and nutrient uptake. Plant and soil, 1998,202:281-293.

[168] Smith D M, Roberts J M. Hydraulic conductivities of competing root systems of Grevillea robusta and maize in agroforestry. Plant and Soil, 2003,251:343-349.

[169] Shibusawa S. Modelling the branching growth fractal pattern of the maize root system. Plant and Soil, 1994,165:339-347.

[170] Smethurst P J, Comeford N B. Simulating nutrient uptake by single or competing and contrasting root systems. Soil Soc. Am. J. ,1993,57:1361-1367.

[171] Van Noordwijk M, Floris J, Jager A. Sampling schemes for estimating root density distribution in cropped fields. Netherlands J. Agric. Sci. , 1985,33:241-262.

[172] Van Wijk M T, Bouten W. Towards understanding tree root profiles: simulating hydrologically optimal strategies for root distribution. Hydrology and Earth System Sciences, 2001,5(4): 629-644.

[173] Veen B W, Van Noordwijk M, De Willigen P, et al. Root – soil contact of maize, as measured by a thin-section technique. Ⅲ. Effects on shoot growth, nitrate and water uptake efficiency. Plant and Soil, 1992,139 (1):131-138.

[174] Vercambre G, Pages L, Doussan C, et al. Architectural analysis and synthesis of the plum tree root system in an orchard using a quantitative modeling approach. Plant and Soil, 2003,251:1-11.

[175] Vrugt J A, Hopmans J W, Simunek J. Calibration of a 2 – d root water uptake model. Soil Sci. Soc. Am. J. , 2001,65:1027-1037.

[176] Zeng X B. Global vegetation root distribution for land modeling. Journal of Hydrometeorology, 2001, 2(5): 525-530.

[177] Zeng X B, Dai Y J, Dickinson R E, et al. The role of root distribution for climate simulation over land. Geophysical Research Letters, 1998,25(2): 4533- 4536.